復刻新版

FMラルース

ボランティアの作ったラジオ局

999日の奇跡

近兼拓史＝著

復刻新版　ＦＭラルース999日の奇跡

目次

You can Get it if you really want.

You can Get it if you really want.

But you must try,try, and try.

You'll succeed at last.

（ジミー・クリフ／You can Get it if you really want.より）

「ラジオ局を作ろう」
そんなビラを作って配るところから始めた
小さな街の声、署名運動から始めた
たったマイク一本から始めた
あきらめるのは簡単だった
たった八畳の何もないスタジオ、
わずか百メートルも届かない電波
でも気持ちは伝わった、人の輪が広がった
この本はそんなボランティアたちが作った
小さなラジオ局の物語です

第1章

ＦＭラルースができるまで

そのとき・メディア維新

私たち「さくらＦＭ・スタジオラルース」の場所は大阪と神戸のちょうど真ん中、西宮市にあります。あの阪神淡路大震災では神戸、明石市等と同様に千人以上の方が亡くなる大きな被害を受けた街のひとつです。当時神戸から大阪までの約三十キロの間にラジオ局はなく、ちょうど中間に位置する西宮市は情報の空白地となってしまいました。

家族の安否は、食糧の確保は、安全な避難場所は……。街の誰もが届かぬ情報に唇をかみました。

「私たちの街にもラジオ局がほしい！」

人々の思いが、大きなうねりへと育っていきました。

震災から三年余り、西宮の片隅に、平成十年三月二十六日西宮市にコミュニティラジ

すべてはこのチラシから始まった

オ局「さくらFM」が開局するまでの間、延べ十五万人を越える市民ボランティアによって支えられた、手作りの小さなラジオ局がありました。

手に入らないわが街の情報を何とか自分たちの手で伝えたい。そんな思いで始まったミニFM局「ラルース」。

街の人自身が作る番組、少ししか届かぬ電波を懸命にリレーする街の人々。街の人たちの協力がなければ、決して成り立たなかった点に、放送の原点と未来を感じます。

衛星放送が当たり前になり、数百ものテレビ、ラジオチャンネルが宇宙から送られてきます。地上ではインターネットを通して世界中のラジオ放送が国内で受信可能となりました。すでにメディアに国境はなくなっています。先の震災はそんな「メディア維新」に鐘を鳴らすことにもなったのではないでしょうか。

世界中の誰もが必要な情報を自由に手に入れられる。

世界中の誰もが必要な情報を自由に発信できる。

特定の人しか発信できないのではなく、誰でも発信できる。

世界中の誰もが発信者になれる時代。

そう、メディアが街の人々の元に帰ってきたのです。

この本を書くにあたって取り上げたい人、感謝したい人は、あまりに大量なためとてもすべては紹介しきれません。彼らについては別枠で取り上げることとし、文中では可能な限り千日間のラルース全体の大きな流れを描いていこうと思います。

大量生産され、天から降ってくる放送だけでなく、地面から沸いてくるようなユニークな街の人々による放送と、彼らボランティアスタッフの活動と情熱をじっくりと感じとってください。

たくさんの物が失われ、そして小さな光が生まれた

小さな光

私の本業は雑誌のライターでした。はじめに、まずは私がなぜ「ラジオ局を作る」という途方もないことに関わることになったのかお話しないといけないかもしれません。

長年ライターとして活動していますと、誰でも何回かは、あとあと心に引っ掛かる取材を経験することがあります。私の場合、それは自然災害でした。国内外の様々な取材を経ていくうちに自然の力の脅威と人間の無力さを感じていました。地震、台風、噴火、まさかの出来事を何度も自分の目で見、体で感じました。

そんなとき、私たちマスコミ人は、あまりにも無力でした。消防士ではありませんから火は消せません。医者ではないからケガも治せません。私たちには物を伝えることしかできません。泣き叫ぶ人々や途方に暮れる人々を前に何もしてあげることができませ

きめ細かい情報に最適
ミニFM、西宮にもほしい
署名集め 震災で弾み
被災者特別入試
願書受付中

んでした。

「何か私でも役に立つことがないものか」

そう思いながら月日が流れていきました。

ところで、我が国の紙の媒体は「言論の自由」が世界でも高いレベルで守られており、全国紙の新聞から小学校の壁新聞まで非常に自由公正なスタンスで物を伝えることができます。わたしは、自分がその世界に身を置いていることを誇りに思っていました。

しかし、紙媒体にはスピードの限界があります。もっとも速い新聞でさえ、出来上がりまで半日を要します。目の前に起こった一分を争う災害に対しては即応できません。

有事に一番対応スピードがあり、防災に一番適しているのは電波媒体、ラジオです。

「いざというときはラジオしかない」

「地域には消防署と同じくらいラジオ局が必要だ」

私は、そう確信しながらも、当時はまさか我が身がラジオ媒体に身を置くとも、震災の当事者になるとも思っていませんでした。

地域FM「ラルース」開局　西宮

「情報の谷間埋めたい」

震災後、一挙に具体化

市民ら設立

防災復興支援へ

大雨時に大活躍

でも、ラジオ局ってどうやって作るんだろう？　みなさんは想像がつくでしょうか。私たちも、ラジオ局を作りたいとは思ったものの、最初それがこんなに大変なことだとは思いもしませんでした。しかし、現実に震災で崩れ落ちた我が街を目の前にすると、考えてばかりではだめだ、復興のために私たちも頑張らねば、私たちに必要な情報は私たちの手で、と夢中になりました。

どんなことでも無から有を生むのは大変なことなのかもしれません。とても楽しかったけれど、本当に大変な波瀾の九百九十日間でした。

物を生むときに一番大切なことは「考える前に動く」こと。次は「あきらめない」こと。最後は失敗しても「くよくよしない」ことです。

どうせ誰も登ったことのない山に登るのですから失敗は当たり前、突き当たったら引き返して再挑戦すればいい。とにかくやってみよう。そう思って始めました。

さて、ではラジオ局を作るには何が必要でしょうか。順に考えていきましょう。

①とにかく放送機材が必要です。

②次にスタジオもないといけません。

③もちろんＤＪやディレクターといったたくさんの人が必要になります。

器材はマイクとトランスミッター（発信機）があれば、誰でも声を電波に乗せることはできます。ワイヤレスマイクの親分みたいな物ですね。でもこれに音楽をかぶせないと、放送らしくありません。となるとCDプレーヤーが必要です。また、音と声を混ぜるためにはミキサーという機械が必要となってきます。一つ一つの作業を進めていくうちにわからないこと、必要な物が山ほど出てきました。

法律的にはどうでしょう？　ラジオ局を開局するにはどんな手続きが必要なのでしょうか。例えばアマチュア無線という物があります。国家試験を受けて合格すれば誰でも開局できる物ですが、ルールとして個人が固定の周波数を使えないことになっています。電波は公共物ですから独占できないわけです。

では自分たちの街にラジオ局を作るのにはどうすればいいのでしょうか。試験や資格が必要なのでしょうか？　答えは二つです。

一つは電波監理局に申請して、超短波放送（コミュニティ放送）の免許を取ること。合格するためには、たくさんの条件や基準をクリアーして、なおかつ特定の資格を持った技術者を探さなければなりません。さらに開局には最低三年間の時間と、三千万円のお金が必要（現在はもっと高価格化が進んでいるようです）と言われています。

非常に困難ですが、それさえできれば、あなたの街にもラジオ局（コミュニティFM局）を作ることができます。ただ、これは個人の力を超えた話ですね。

もう一つの答えは、許可のいらない小さな電波の範囲で放送（ミニFM局）するということ。これなら手続きは必要ないということでした。何か「自転車なら免許はいらないが、自動車に乗るには免許がいる」ということに似ていますね。

結果として、理屈では合法的にラジオ局が作れそうです。しかし、いくら立派なラジオ局を作っても、番組を作る人、聞く人がいないと「仏作って魂入れず」になってしまいます。いちばん大切なのは、やはり人です。最新の機器を使っても、発信するのも受信するのもしょせん人なのですから。

震災後、私たちの街にはたった今必要な情報があふれていました。今すぐ伝えねばならない思いがあふれていました。では、私たちが今街のためにできること、やらねばならないことは何だろう。

私は結論として、まずできること＝「ミニFM局」から始めて、街の人々のために必要な情報を発信すること、そして賛同してくれる仲間を集めて、一日も早く我が街にコミュニティFM局を作ることだ、と考えました。

さて問題は人です。私たちは「人の思いを大切にしたい」と考え、一番遠回りかもしれませんが「ビラ配り」や「署名運動」から活動を始めました。「西宮に地元のラジオ局を」「いざというときにはラジオしかなかった」と、この街にラジオ局を作ろうと仲間を呼びかけ、署名を集めました。幸い震災前からの「いざというときはラジオしかない」「地域には消防署と同じくらいラジオ局が必要だ」という私の持論を支持してくれていた人々が、自分自身の体験もあってか、熱心に応援してくれました。

それから地道な活動が半年続き、署名者数は三千人、協力希望者数も二百五十人を超えました。スタジオの場所も提供してもらえることとなり、みんなの熱意に、いよいよ機は熟したと「ミニFM局」を開局させることにしました。

いつも人が入りきらないたった8畳の初代スタジオ

さて局の名前です。かっこいい名前の案もたくさん出されましたが、最終的に、小さくても街を照らす光になればということでスペイン語で光を意味する「ｌａＬＵＺ」と名付けました。

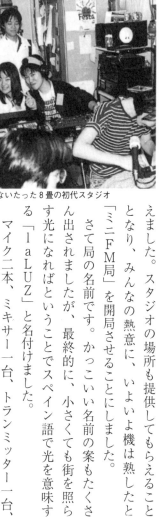

マイク二本、ミキサー一台、トランミッター一台、ＣＤプレーヤーｅｔｃ、最低限の機材は揃いました。わずか八畳のスタジオ、放送エリアたった百メートル。でも人と情熱だけはたっぷりです。

平成七年七月一日、この日は小さな小さな街の光

「FMラルース」の誕生日です。

しかしみんなの喜びも束の間、翌日私たちは、いきなりの嵐の中への船出となりました。開局当時の漕ぎ出したばかりの小船は、そんなことを知る術もなかったのです。

タイムテーブルで見る

このころのラルース

fm laLUZ / 78.3MHz TIMETABLE（FMラ・ルース番組案内） 1995.7

PM12:00（正午） ON AIR（放送開始）

	Monday-Friday（月〜金）	Saturday（土）	Sunday（日）
12	西宮情報BOX〜西宮ローカルの最新情報をお伝えします(12:00-12:15) 池田玲子　龍野真樹　荒谷弥生ほか		
1	/SOUND SHOWER/	SPARKLING EMOTION MINAMI	SUNDAY Jr.NETWORK 二宮由紀子 &highschool students
2	AFTERNOON CRUISE （月、火）‹NOW MAKING!› （水〜金）樋口典子	SATURDAY CAMPUS PARADISE	
3	HUMAN NETWORK ‹NOW MAKING!›		LOVERS CAFE 中村美紀
	/SOUND SHOWER/		
4	西宮情報BOX〜西宮ローカルの最新情報をお伝えします(4:45-5:00) 池田玲子　龍野真樹　荒谷弥生ほか		
5	NISSIN LOVER'S CALL ‹NOW MAKING!›	DADY ZOO アニマル宗城	ゆうゆうゆう BACK TO 1980 (5:15-5:45)
6	/SOUND SHOWER/	Club Bird Land 〜Saturday Night Jam NOMIO	PARALLEL WORLD 坂出達典
7		RASTA MIYA KAHNA	/SOUND SHOWER/
	西宮情報BOX〜西宮ローカルの最新情報をお伝えします(7:45-8:00) 池田玲子　龍野真樹　荒谷弥生ほか		

PM8:00　OFF AIR（放送終了）

@・大雨・洪水警報発令など緊急時には２４時間体制で防災放送をお届けします。
・放送時間・番組内容は予告なく変更する場合があります。
・‹NOW MAKING!›の時間帯は番組制作準備中です。番組が開始するまでの間音楽をお届けします。

fm laLUZ　PRODUCED BY 西宮ＦＭ推進協議会

私たちにできること ラサーチ56

西宮のミニFMラジオ局
台風直撃を想定
本番並み防災番組
56時間ぶっ通し／29日正午オンエア
アマと交信
防災モニター130人が
携帯電話でリポート
自家発電で続行
スタッフ

開局の喜びも束の間、七月二、三日の二昼夜にわたる大雨洪水警報に、私たちは「待ったなし」の自然の厳しさを思い知らされました。最初はのんびりと放送の作業に慣れればいい、などと思っていた私たちは、一晩中ガラスを叩く雨と屋根を持ち上げる風の音にスタジオの中で愕然としていました。

「気象警報が発令されれば二十四時間の防災放送に切り替える」をラルースのコンセプトとして掲げていましたが、まさかいきなりとは……。現実とは、こんなものかもしれません。

「大丈夫ですか、今からスタジオへ行きます」というスタッフの電話に、「無理しなくていい」と何度も釘をさしますが、それでも「何かできることはないか」と、激しい雨の中駆け込んでくるスタッフのほうが多かったようです。

さて、今の私たちにいったい何ができるか、何をするべきか、懸命に考えました。まずは情報収集と発信が必要です。それについては、スタッフがスタジオに到着するまでに予想以上に周囲の状況を把握してくれていました。

「武庫川の川沿いの道から南へ五百メートルのあたりで木が二、三本折れていて、片側通行になっています」

「鳴尾浜辺りは冠水状態でした」

彼ら自身が重要なアンテナとなることを知り、能力は十分に評価しましたが、いたずらに「取材に行きたい」という希望には難色を示さざるを得ませんでした。

「安全を確証できない取材は許可できない。人命第一、安心報道に徹しよう」

と彼らを押しとどめました。実際は、それしかできないというのが本音だったのかもしれません。街の人々に情報を伝えることもスタッフの安全を確保することも、私たちにとってはどちらも大切なのです。

さて、FMラルース、初めての防災放送が始まりました。

「こちらは七八・七メガヘルツ、FMラルースです。ただいま兵庫県南部に大雨洪水波浪警報が発令されています。……みなさまの周りで、お気づきの情報がありましたらラルースまでお寄せください。電話番号××ー××××、××ー××××です。みなさまの情報をお待ちしております」

「お聞きのみなさまの中で、地滑り等危険地域にお住まいの方をご存知の方は、一声注意を呼びかけてください。FMラルースの電波は非常に弱いため、市内すべてのみなさまに情報をお届けすることができません。みなさまのご協力をお願いします」

気象台の予報、NHKの気象図、自分たちの目、耳、スタッフや近隣の住民から寄せられる情報など、可能な限りの情報を集めました。

情報は地滑り危険地域、仮設居住世帯に必要な物

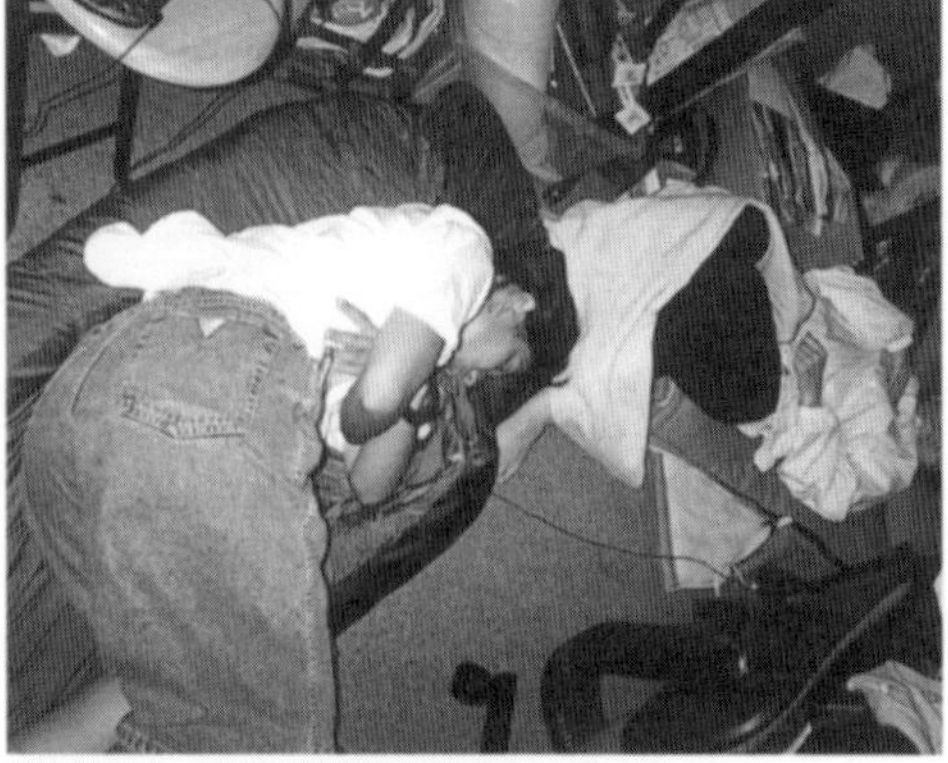

防災放送中、交代で仮眠をとるスタッフ

に絞ります。

「弱者に必要な情報を優先」

ラルースの志でもあり、私たちにできるせいいっぱいでした。

そして嵐が去り警報が解除され、四十八時間に及ぶ放送を終えたとき、私は何とも言

えぬ脱力感を感じていました。それは疲労ばかりのせいではなく、

「いくらがんばっても、たった百メートルしか届かない電波で何ができるんだ」

「必要な人のところまで届かなければ意味がない」という無力感からでした。

しかし、そんな思いも一本の電話で生き返りました。

「どうもありがとう。一晩聞いていましたよ。わが家は裏が地滑りの危険地帯でね、ずーっと天候が気になって寝られんかった。テレビもラジオも終わってしまう、どっか放送してないかダイヤル回してたら、とぎれとぎれに聞こえたのがあなたのところの放送やった。心強かった、嬉しかったよ。震災のときみたいにまた見捨てられたかと思って情けなかったんよ。本当にありがとうね」

それは、信じられないほど嬉しい言葉でした。

「みなさん、ちゃんとご飯食べてます

“56時間”連続放送で情報伝達
「台風」を想定
来月21日に西宮のミニFM局「LALUZ」
昨年9月に行われた第1回目の56時間連続放送
携帯電話を使い市民がリポート
デジタルカメラの映像 インターネットで流す

か」

ご近所のリスナーから、おにぎりの差し入れもありました。

そのとき感じました。

「街中の人は助けられない、でも一人でも必要としてくれる人がいるならがんばろう。一人でも助けることができるなら、続けよう」

これは、以後の私たちの大きなテーマとなりました。

そしていつもの夏より長く感じた夏の太陽が弱まりはじめた頃、「今年は台風の当たり年」という

放送中、人工心肺蘇生の訓練を受ける小学生。救急車が来るまでにあなたにできることがあることを知っていますか

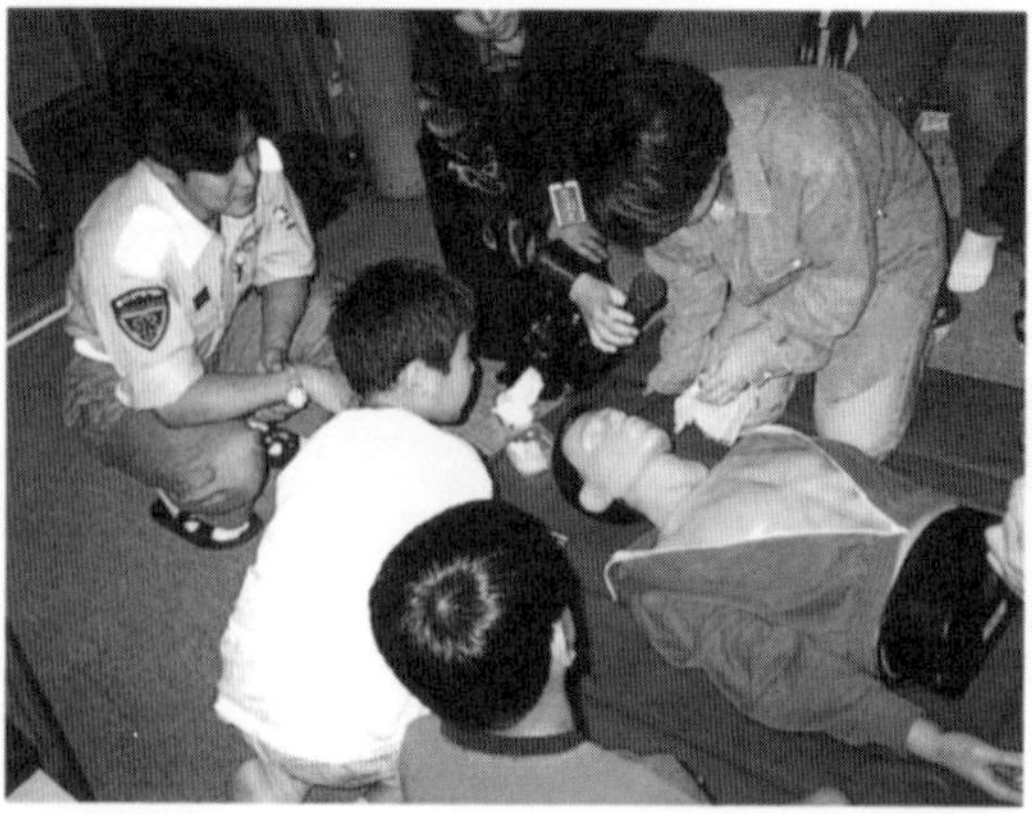

言葉をよく聞くようになりました。その度に私は七月の嵐のときの混乱を思い出しました。

スタジオ使用不能を想定し、急いで野外にサテライトスタジオを設営

災害発生時には、初動四十八時間の動き如何によって、被害者の生存率や災害の規模が決まると言われています。前回の二日間吹き荒れた嵐を考えてみても、その四十八時間の間に私たち放送人はいったい何ができるのか、そして何を備えるべきなのか、精一杯模索しなければいけません。それと、私たち放送人にできるのは、事後のフォローではないかと考えました。精神的なケアこそ、私たちがやらなければいけないこと。

その考えから生まれたのが、初動四十八時間＋翌日の通常放送八時間の五十六時間放送。この間に私たちにいったい何ができるのかを挑戦する、総合防災訓練放送「ラルースセーフティチャレンジ五十六時間」、通称ラサーチ56なのです。

二十四時間テレビでも出演者があれほど大変な思

いをしているのに、五十六時間生放送というのは狂気の沙汰と思えるかもしれません。

しかし、実際に災害が起こったときの現実を知る私たちにとっては、必要不可欠な訓練だったのです。

以来毎年八月三十日から防災の日・九月一日の三日間にかけて行なわれるラサーチ56で、私たちは毎年防災に関するさまざまな取り組みを続けています。ラサーチは終わりも完成もありません。常に、新たな問題への挑戦なのです。

タイムテーブルで見る　このころのラルース

fm laLUZ/78.3MHz TIMETABLE「ラ・サーチ56」（'95.9.29－10.1）

	9/29(Friday)	9/30(Saturday)	10/1(Sunday)
6		MORNING SATURDAY Jr.NETWORK 二宮由紀子 &highschool students ●西宮情報BOX(7:45～)	MORNING CRUISE
7			TSUTAYA 西宮薬師町店 Presents CountDown100 Ⅱ 二宮由紀子 真鍋愛 ●西宮情報BOX(7:45～)
8		LOVER'S CAFE ～BREAKFAST VERSION～ 中村美紀	
9			
10		西宮情報BOX SPECIAL 池田玲子 館野真樹 荒谷弥生 小宮山敏恵 鎌田佐智子 山本真理 ●MUSIC GONG(12:00) ●西宮情報BOX	Papa's Renaissance 濱口和則 ●MUSIC GONG(12:00) ●西宮情報BOX
11			
12	OPENING CEREMONY ●MUSIC GONG(12:00) ●TAKKUN出発式●西宮情報BOX(12:15)		
13		SPARKLING EMOTION MINAMI みきともひろ ●西宮情報BOX(16:45～)	SUNDAY Jr. NETWORK 二宮由紀子 &highschool students
14	AFTERNOON CRUISE 樋口典子		
15	HUMAN NETWORK 押川雅代 ●西宮情報BOX(16:45～)		LOVER'S CAFE 中村美紀 ●西宮情報BOX(16:45～)
16			
17	Mighty Music Machine John,Dennis,Mike	DADDY ZOO　アニマル宗城	ゆうゆうゆう　BACK TO 1980
18		Club Bird Land ～Saturday Night Jam	PARALLEL WORLD　坂出達典
19	FRIDAY CINEMA BOX 池田玲子　小宮山敏恵 山本真理　館野真樹 ●西宮情報BOX(19:45～)	RASTA MIYA　KAHNA ●西宮情報BOX(19:45～)	Papa's Renaissance　濱口和則 ●西宮情報BOX(19:45～)
20		MYSTERY ZONE	ENDING CEREMONY ●おかえりなさいTAKKUN
21	ゆうゆうゆう うつやよい なかやまけいこ かまたさちこ わたなべいくみ		
22	新番組 荒谷弥生　館野真樹　中山真希		
23		Club Bird Land ～Saturday Night Jam　NOMIO ●MUSIC GONG(0:00) ●西宮情報BOX	
0	OLDIES SPECIAL SORA　みきともひろ ●MUSIC GONG(0:00) ●西宮情報BOX		
1		PARALLEL WORLD 坂出達典	
2			
3	TSUTAYA 西宮薬師町店 Presents CountDown100 Ⅰ 樋口典子 ●西宮情報BOX(4:45)	MIDNIGHT CRUISE 樋口典子 真鍋愛 ●西宮情報BOX(4:45)	
4			
5		MORNING CRUISE	

中継局・もっと遠くへ

私たちの放送は、その電波よりも口コミでのほうが広がるスピードが上でした。

「周波数を教えてください」

「薬師町でも聞こえますか」

「早く家でも聞けるようになるといいね」

このように、口々に人に言われます。

「何とかしないといけない」

私たちは、エリアを広げる方法を考えました。みんなに聞いてもらいたいのはやまやまですが、現状でエリアを広げるのは、やっぱり「電波のバケツリレー」・中継局を置くしかありません。

トランスミッター、チューター、タイマーなど、基本的な中継装置

その方法は、①まず百メートル先のラジオで受信する　②受信した放送をさらに百メートル先にトランスミッターで送信する　③それをラジオで受信する……の繰り返しになります。

基本的には、放送を受けるラジオと発信機があれば中継は可能です。ただ、問題はこの発信機です。一カ所に一台必要なこの機械の値段は、出力に関係ありません。大手の放送局が使っている強力な物も、私たちが使っている物も同じ物です。買えば最低でも三十万円は必要です（もちろん、上は数千万する物があります）。とても私たちの手に届く物ではありません。やむなく、自作となりました。幸い電気工学に詳しいスタッフが何人かいたので、自分たちでも安く開発できました。彼らは別に電気屋さんというわけではありません。世の中には埋もれている才能があるものだと、感心しました。

さて、機械は何とかなりそうですが、やはり設置するとなると一カ所につき最低十万円はかかります。私たちにとっては、それは大きなお金でした。

しかし、本当に大切なことはお金ではありません。「電波のバケツリレー」には、送り手と受け手、お互いの協力が必要なのです。中継してくれる協力者、すなわち中継場所がないと話は成立しません。

オリンピックの聖火リレーをイメージしてください。バトンを受け取って次につなぐ

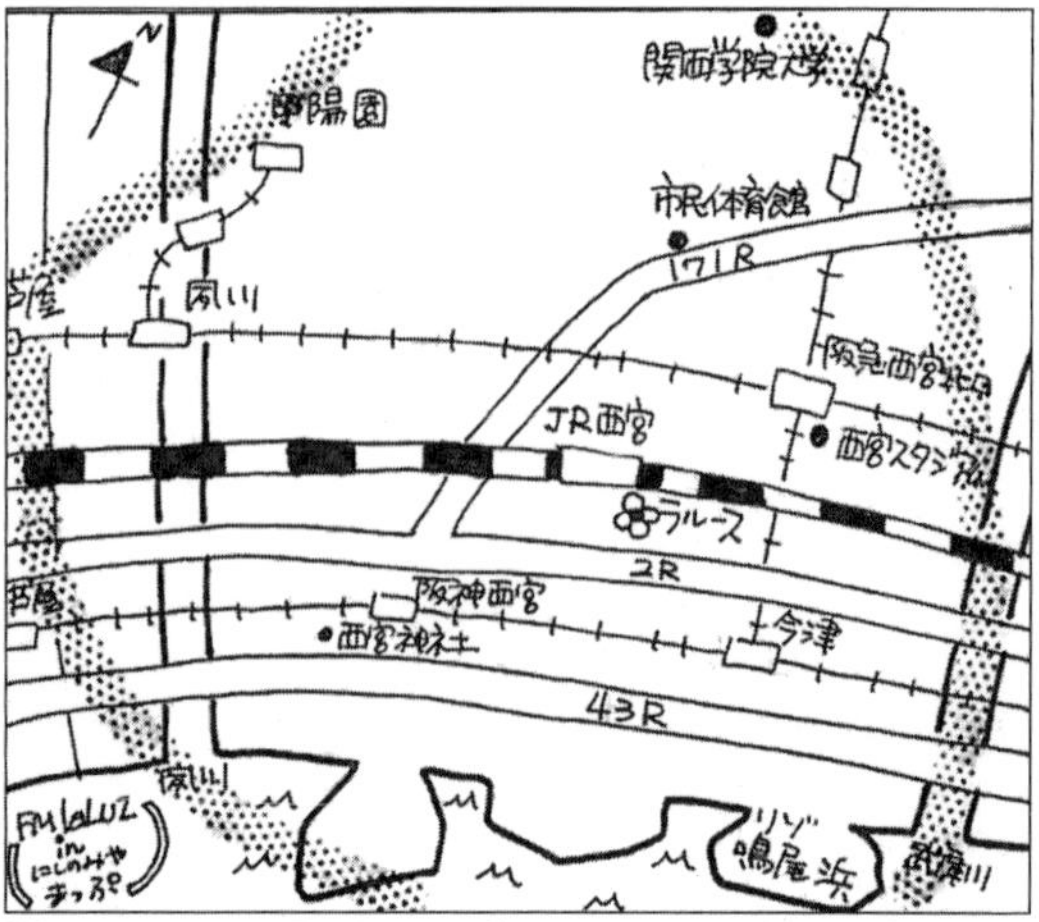

最初100メートルも届かなかった放送が、みんなの協力で西宮南部全域（直径約5キロ）をカバー

人がいるからこそ、このリレーは成り立つのです。この史上希な「電波」のバケツリレーが成り立ったのも、協力者のリレーがあったからこそだったのです。

例えば、増田俊郎が白井宏昌を、宅間仁が野添康一郎を、福嶋誠司が中村恒康を（申し訳ない、とてもすべては書ききれません）、という彼らのネットワークと熱い思いが、すべてを支えてくれました。

まずは地元の商店街会長・矢田貝氏に「近隣の建物で中継局を置かせてくれる場所はありませんか」と、相談を持ちかけました。今まで聞いたこともないような私たちの不思議な相談をバカにせず、労を取っていただいたおかげで、最初の中継局が誕生しました。

スイッチオン！　携帯電話で待ち受ける数十メートル先のスタッフから、「聞こえるよ！」のコール。情報の、人の輪の広がった瞬間です。しかし、大喜びする彼らの姿を

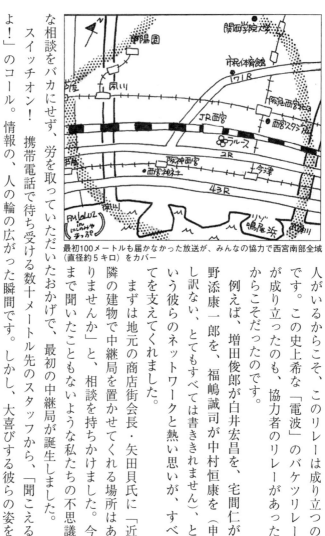

しり目に、「隣町の仮設住宅まで電波を届けるのに、いったいいくらかかるんだろう」と、気が重くなったことも正直に言っておきましょう。

それでも、目の前でエリアが広がるのを実感すると、みんなの動きが一気に加速します。

「アンテナを立てるなら、私○○さんのところに聞いてきます」

「××なら私知ってます」

「この体育館にアンテナを立てれば、裏の仮設住宅にも放送が聞こえるようになります」

まるで、西宮全域どころか日本中に広がっていきそうな勢いです。体育館の屋根に、幼稚園の屋根に、バーの上に、会社の社長室の一角をお借りしてと、彼らのネットワークには感心しました。

もちろんスタッフのエネルギーはその後も加速し、中継局は西宮市南部全域をつないで「日本一のミニFM局」、そして有線放送の協力で、「西日本最大のケーブルラジオ局」と言われるようにまでなっていくのです。

人の輪・募金ステッカー

「西宮に地元のラジオ局を！」と訴えた私たちの署名運動は順調に進み、名簿は六千名を越えました。どこに行っても、

「がんばりや」

「はよ私のとこでも聞けるようになったらいいね」

と、声をかけられます。ラルースの人の輪の広がりは、この地道な活動にあったのかもしれません。署名という小さなきっかけから放送に興味を抱き、スタジオに遊びに来る人もいます。来てくれた人は、ボランティアたちの熱気あふれる活動と人のパワーに感動して、これまた何らかの協力を申し出てくれる、という流れが多かったような気がします。

ラルースの苦しい財政を察して、募金してくださる方もいます。しかし、ただお金を

初代ラルース募金ステッカー

各種イベントで署名、募金スポットを設置。人の輪が広がっていく

いただくというのは気が引けます。では、ということで、ステッカーを作ることにしました。私たちラルースのメッセージと、協力していただいたことへの感謝のしるし。そして、ラルース最初のステーションアイテムでもあります。

私は、一人の人から三万円の募金をもらうより、百人の人からの三百円の募金のほうが嬉しいと思っています。これは、みんなで少しずつでも力を合わせて放送局を作りたい、という思いからでした。どうも「お金を集める」という目的のためには、少し現実離れした方法でしたが、主旨を理解してステッカーを買ってくれた人たちの多くは、その後も熱心なシンパとなって応援してくれました。

また、街中にステッカーが貼ってあることで、みんながラルースを応援してくれているのが目

子どもの日、子どもたちのためにイベント協力

に見えて実感でき、スタッフ一同勇気づけられました。思わぬ場所で見るラルース・ステッカーに気持ちが引き締まります。

ステッカーの「See the Light & Feel the Wind」のキャッチフレーズは、私たちの街西宮のシンボル、西宮浜のキラメキと六甲山のさわやかな風をイメージしたものです。色も、光のイエローと風のブルーに塗りわけました。一日も早く西宮全戸に聞こえるようなラジオ局が生まれますように、の願いがこもっています。

このステッカーによってまた人の輪が広がっていったのは言うまでもありません。どうも、うちは人が集まりますが、お金には縁がないようです。スペイン人の友だちには、

「スペイン語でラルースは『コイン』の意味もあって縁起がいい。きっといつかお金が集まるよ」

と言われたのですが、さてどうなのでしょうか。とりあえず今のところはすっからかんです。

でも、これだけたくさんの人という財産を得ているわけですから、よしとしなければいけませんね。

未来を信じ、ラルースの我慢の生活はまだ続きそうです。

依頼があればどこへでも！　サテライトスタジオ設営も手慣れたもの

メッセージウォール

西宮のFM局
神戸で展示中
願いごとで壁埋め尽くそう
ステッカーに記入を
目標は3万枚

みなさんは自分の家族や友人の願いごとが何か知っていますか。親兄弟、恋人同士でも真意が伝わらないということは、よくあることです。ましてや他人同士であればなおさらです。

震災直後、街の誰もが心身ともに傷ついていました。今、自分の横で笑っている人でさえ、家族の誰かを失っているかもしれない。阪神間に住む数百万の人々すべてが、その瞬間「死ぬかもしれない」という臨死体験をしたわけです。そして、その後みんなで力をあわせて危機を乗り切っていくなかで、街中の人が少し優しくなれたように思います。

「大変だったね」「がんばろうね」と互いに思いやり、素直に他人の願いが叶うといいねと思えるようになっていたのかもしれません。

メッセージウォールも最初は小さなきっかけでした。慌ただしい年末の街を見ながら、何気なくステッカーに「みんなの願いかなうといいね」と書いて壁に貼ってみたのです。

阪急西宮北口駅前。最初は、ほんの数枚から始まった

そのときふと、「みんなの願いって何だろう」と思い、横にいたボランティアスタッフに「いま一番の願いごとは何？」と聞いてみました。

彼女は昼間アルバイトをしており、毎日金欠でピーピー言っていました。ですから私はきっと「お金が欲しい」とか「○○が買いたい」とかの答えが返ってくると思っていました。ところが彼女の答えは「休みが欲しい、そしたらもっとここにいられるから」というものでした。そのとき、「人の心を知ることは難しい」と感じました。

私たちラルースは、街の人の気持ちを知り、その気持ちを伝えることを使命としてきました。でも、街の人の願いってなんだろう。それを知らなければ本当に必要なものを伝えることができないんじゃないか。次第にそう思いはじめてきました。

そのとき、メッセージウォールのことが頭に浮かびました。願いごとをステッカーに書き込んで壁に貼り付ける。そして、互いの願いをじっくりと見てみよう。みんなの願いごとで壁をいっぱいにしよう！

「メッセージウォール／みんなの願いかなうといいね」と名付けたこのキャンペーン、私たちの呼びかけは非常に大きな反響を呼びました。

「ピアノがじょうずになりますように」

「家を買うお金が欲しい」

「おばあちゃんが早く元気になりますように」

「彼女が欲しい」

「元気な子どもが産まれますように」

「仕事が欲しい」

人の願いは本当にさまざまです。最初「阪急西宮北口」という市内の一つの駅前で始

2年目、阪神間各地から寄せられた、壁いっぱいのメッセージウォール

まったメッセージウォールは、あっという間に駅前広場をうめつくしました。

翌年には「とても西宮北口だけでは収まりきらない」ということで、神戸～大阪まで三十カ所以上に一・二メートル大のウォールボードを備えた協力スポットを作りました。そうなるともうとまりません。願いごとのステッカーの数は、あっという間に阪神間全域を巻き込んで、合計三千枚を軽く越えました。

しかし、これだけの数になるとすべてのメッセージをどうするかが次の問題になりました。せっかく書いてもらったメッセージを何とかみんなに見てもらいたい。

結局、株式会社フェリシモのみなさんのご尽力で、ルミナリエで賑わうクリスマスの神戸復興支援館に、すべてのメッセージが展示されることになりました。壁一面をうめつくすメッセージは、圧巻です。期間中百万人を越えるというルミナリエの観光客も

3年目、とうとう全国から1万枚以上が寄せられることに

「この不思議な空間は、いったい何なんだろう」と足を止めました。

さらに三年目には、昨年のルミナリエに来てくださった方々の影響でしょうか、北海道や沖縄からもメッセージが寄せられるようになり、ついに日本中を巻き込むことになりました。

まさに百人百葉、私たちの街の本音を伝えてくれる「メッセージウォール」はこれからも、年を追うごとに、ずっと増え続けていくことでしょう。私たちと街の人々との「小さな」「たくさん」の大切なきずなです。


メッセージウォールは全国どこからでも参加いただけます。

詳しくは、巻末の情報をご覧ください。

人として・プリーナ

平成七年十二月。普通であれば、街にジングルベルが鳴り響く頃です。しかし、この年ばかりは、素直に「メリークリスマス」とバカ騒ぎできない空気が街中に漂っていました。笑って新年を迎えられる人など、ほとんどいなかったのです。それでも、私はすべての人にごくろうさま、お互いよくがんばったね、の言葉をかけたいと思いました。子どもも大人も、みんなよくがんばった。まだまだ当分大変だけど、一緒にがんばろう。そんな思いを人々に伝えたいと考え、スタートしたのが第一回光のクリスマス「プリメーラ・ナビダ・デ・ラルース」。通称プリーナです。

このとき私がスタッフに提案したのは「人と人とのつながり」、「街中のみんなが助け

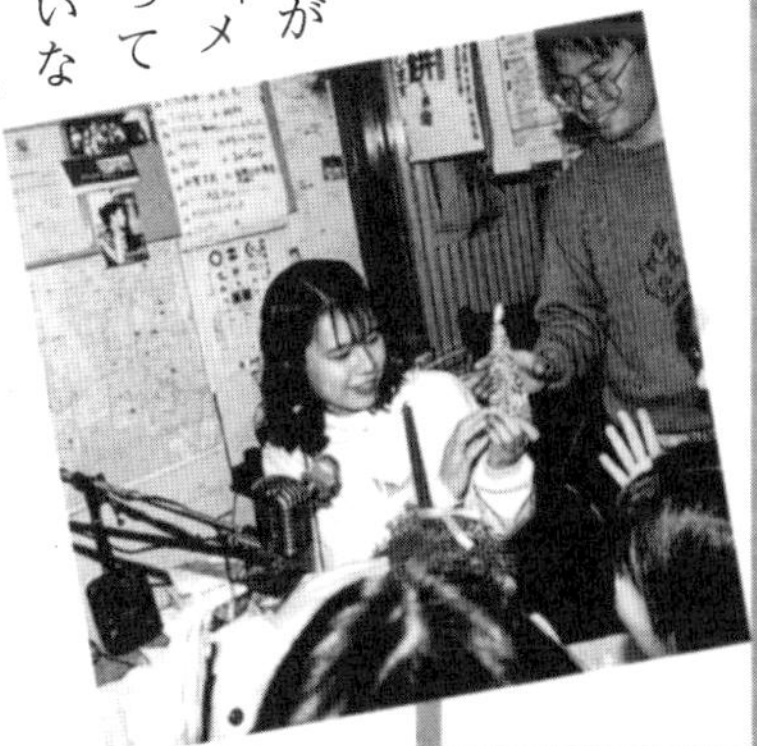

スタジオにて希望の光・キャンドルに灯がともる

合ったことを大事にしてほしい。一人で傷心のうちに年を越さねばならない人をいたわってほしい」というものでした。

クリスマスから年末にかけては、実は自殺の多い時期でもあります。周りの人々の幸せが際立つほど、疎外感を感じる人が多くなるのです。特に、この時期は仮設住宅での孤独死など、深刻な問題が表面化してきた頃でもありました。私は人として、放送人として、自分たちに何ができるかを考えました。

すべての仮設を巡回することは、私たちにはできません。でも、ラジオを通して「こんにちは」「元気ですか」と呼びかけることはできます。それが心のこもった言葉であれば、人は「救われる」ことがあるのではないでしょうか。

子どもたちに風船をデリバリー

私たちの放送プログラムの基幹番組、情報BOX（市民に必要な情報を市民自身が流すニュース番組）の「一声運動」が始まったのもこの頃です。

「私たちは人と人とのつながりを大切にしています。自分たちからできること、まずは挨拶運動からはじめましょう」

毎回ニュースのあとにこの言葉をつけ加えることによって始まったこの運動は、ただ言葉をかけることがどれほど大切か、情報ＢＯＸチームが最初に実践してくれました。

私たちの暮らす兵庫県では、少し都市部を離れると、必ず小学生たちが「こんにちは」「さようなら」と道ですれ違う人すべてに挨拶している光景に出くわしますが、残念ながら街中ではあまり見かけません。それでも挨拶されると、必ず相手は挨拶を返します。とても気持ちのいいものです。

すべてのコミュニケーションの基本、当たり前のことなのですが、

「今こそ挨拶を大切にしよう」

「まず私たちから声をかけよう」

が、私たちの合い言葉になりました。

ぬいぐるみとともに、キャンディサービスに向かうスタッフ

スタジオの前を通る人に「こんにちは」。取材先でも「こんにちは」。私たちのリスナーも多い仮設住宅では、寄り合い所帯の共同生活です。知らない人同士でも、一言の挨拶で気持ちがやわらぎ、会話がつながっていきます。

「口も聞いたことなかったのに、挨拶したら案外いい人で、友達づきあいしています」

「お隣もラルース聞いてたんやって。池田さんの声いいねえって言ってたよ」

小さな種が実りつつあるようです。以来、この運動は今も継続されています。

もちろんがんばっているのは情報BOXチームだけではありません。各番組のチームが競って「人と人のつながり」を表現、実行していきます。

お昼のメインプログラム・アフタヌーンクルーズチームは全国各地のフレンド局へグリーティングテープを作って各局とメッセージと音楽を交換しました。すべてのサウンドノビア（DJ）の「メリークリスマス」の声を盛り込んだあたたかいものでした。

日曜日の**J-hits**ビートクルージングチームは、クリスマスの日に聖火リレーのように、「ルナ・キャンドル」という希望と友情の灯をイメージしたキャンドルを阪神間のコミュニティ局にデリバリーしました。突然のキャンドルを持った客に、さぞかしフレンド局のみなさんは驚かれたでしょう。小さなキャンドルの前に、お互い話も弾み、さらに友情が深まったようです。移動中灯を消さないよう、「カイロ」に種火を確保するのも、なかなかのアイデアです。

最後に、スタッフの多くが夜遅くまで、いえ夜明けまでかかって懸命に準備してくれていたことをお知らせしておきましょう。

キャンディサービス ワインサービス

クリスマスの夜、最初は大変だった街の人々のために、子どもにはキャンディを一つ、大人にはワインを一杯、本当にささやかなプレゼントのつもりで用意しました。

「ワイン一杯くらいで、いまどき喜んでくれるだろうか?」

「最近の子どもがキャンディもらって嬉しがるかなぁ」

「しけたサンタで申し訳ない」と思いながらのスタートでした。

「子どもも大人もそれぞれ千人に配ってみよう。私たちの何かしたい、という気持ちは、きっと何人かには通じるだろう」

キャンディ千個、の金額なんてたいしたものではありません。ワインは企画を聞いた支援者の方々からの提供を受けました。

大人気の行事として定着したワインサービス

しかし、真冬のなかを子ども千人、大人千人に配るのは大変な作業です。まずは、みんな鼻を真っ赤にして道行く子どもたちにキャンディを手渡します。外で三十分も立ち続ければ、体が固まりそうな雪の日でした。

不安もありましたが、「どうぞ」の声に、予想以上の喜びの反応の子どもたち。「一つずつなんだけど」と遠慮がちの私たちに、「ありがとう」の声を返してくれます。

キャンディをもらって大喜びの子どもたち

大人たちへのワインの振る舞いにも、「おお、ありがとう」「本当にいいの」とたった一杯のワインを嬉しそうに飲んでくれます。予想以上の笑顔、反応に、元気づけられたのは私たちのほうだったかもしれません。

以来「キャンディサービス」「ワインサービス」は、子どもの日に、バレンタインにと、クリスマス以外にもラルースの恒例行事となってしまいました。

楽しみにしてくれる子どもたち、大人たちのために？いえ、実は私たちが、今年もまたあの笑顔にふれたがっているのかもしれません。

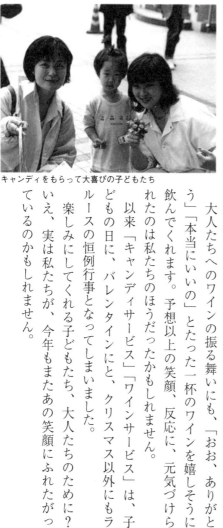

ありがとう・決心

いよいよ資金は底をついてしまいました。実はラルースの放送はこの時点まで、いっさい放送広告を取っていなかったのです。そのときの本音は「まさかこんな大変なことになるとは」といったものでした。放送のための費用は、結局私の個人的持ち出しとなっていました。別に私の家がお金持ちというわけではありません。ごく普通の家庭です。

「街の人々の思いが、特定の企業や個人の思いに左右されないために」と、企業や個人からの多すぎるお金（募金ステッカーの三百円以上）を受け取らないようにしていました。そのコンセプトはよかったのですが、自業自得と言えば、その通り。あっという間に破産寸前です。

来年6月まで放送延長

西宮のミニFM放送局

きょう36時間番組

住民がアナウンサー

今月二十五日に閉局予定だった西宮市のミニFM放送局「la LUZ（ラ・ルース）」が、リスナーの要望にこたえ、来年六月末まで半年間、放送延長を決めた。二十四日正午から、「震災で明け暮れた一年の最後を楽しく締めくくろう」と、三十六時間連続の特別番組を放送する。

市民中心の西宮FM推進協議会（近藤拓史代表）が七月に開局。放送を活用した防災ネットワーク作りを目指し、地域に密着した放送を続けた。阪急西宮北口駅近くのスタジオから半径二キロの範囲で受信できる。二十六日以降はJR西ノ宮駅近くに移転するが受信エリアはほぼ同じ。

特別番組には住民がアナウンサーとして参加。クリスマス・プレゼントとして西宮北口駅前の公園で子供千人にキャンディー、大人千人にワインを無料で配る。

その苦労のせいかどうかは知りませんが、ボランティアのみんなは本当にのびのびと楽しそうに、かつ自主的に「街の人々のために」とマイクに向かっています。ただ、楽しくやってくれるのは嬉しいのですが、居心地がいいのかスタッフがどんどん増えつづけ、あれよあれよと言ううちにスタッフの人数と反比例して、私のささやかな私財は底をついてしまいました。

放送というものが、お金のかかるものだということを身をもってよく知りました。どれだけ節約しても、一般の家庭から考えるとケタ違いの電話代（最初請求書を見たときは、目が点になりました）、番組収録に使用するMD、DATテープ記録用のVHSビデオテープ、各種印刷物に消耗品、もちろんCDに資料なども必要です。いい番組を作ろうと思えば、ミーティングも制作費も必要、人が増えれば相談事も増えます。イベントへの協力要請に取材要請とあれば、交通費に接続ケーブル代など、とにかく朝起きれば夜寝るまで、費用がよくかかりました。

ボランティアの方々は本当によくがんばってくれています。朝から晩まで、入れ代わり訪れる彼らの期待に応えたいとふんばってきました。しかし放送に集中すればするほど減る収入に、貯金も底をつき、もうこれ以上はどうしようもないという状態になりました。

みんなの期待に応え、放送を続けたいが……

「ミニＦＭでの放送は半年限定、後はコミュニティＦＭの設立に向けて資金を集めなければならない」ハズが、貯金どころかもう売るものもない、完全な借金生活です。

毎晩無報酬で遅くまで残って仕事をしているスタッフに、「せめて飯くらいは」と、最低限の食事だけでも食べさせたいと思っていました。しかし、それもままならなくなったとき、「もう、限界かな」と感じました。

「恒久的な街の放送局設立」が、私たちの本来の目的のはずで、このままではその目標にたどりつくまでに、こちらがバンザイしてしまいます。正論を言えば、ここでは目標達成のために、「いったんミニＦＭでの放送を終了して資金を集め、コミュニティＦＭの開局に全力を注ぐ」行動をとるべきです。

何より、そうすることで我が身も楽になりますし（意気地がありませんね）、「自分にできることはせいいっぱいやった、いったん休みたい」ともそのとき本気で思っていたのです。

十二月の声が聞こえてきたころ、スタッフは私の決断が気になってしかたないようでした。賢い彼らのことですから、私が悩んでいることや、経済的に大変なことなどお見通しです。ですから、私が当初の予定通り十二月二十五日までで放送を終了させるつもりであると話したときも、「やむなし」と感じたようでした。

しかし、スタッフの了解を得たからといって、いきなりの放送終了というわけにもいきません。十一月中旬から「かわいがっていただいたラルースの放送ですが、十二月二十五日クリスマスの夜で、いったん終了の予定です」と、告知しはじめました。

この放送の反響は私たちが驚くほど、すさまじく、そしてすばやいものでした。

「やめないで」

「どうして」

鳴りやまぬ電話が数日続きます。

私はやむなく恥をしのんで、経済的に限界であること、もう放送を続けるお金がないことをみんなに打ち明けることにしました。

「経済的に限界なんです、申し訳ありません」

スタッフに異を唱えるものはありません。しかし、わずかでも私たちの放送が必要な人々への対応は辛いものがありました。一例をあげれば仮設住宅はその構造上風に弱く、強風が吹くと屋根をロープで押さえなければなりません。家族に若い人がいる家はまだ大丈夫ですが、老人だけの世帯が多いのが現状でした。台風、暴風警報などが発令されるたびに「誰か屋根をロープで縛るのを手伝ってもらえるように言ってもらえませんか」と、心細げな声で電話してくるのは、決まってお年寄りです。ですから、お年寄りからの電話にはつらいものがありました。

「頼りにしとるんやけどなぁ」

「何とかならんもんかなぁ」

そんなときは、

「どうしても資金的に行き詰まりまして……」

と最後は言葉も出せないような後ろ髪引かれる思いで答えていました。

そんなある日、近所の仮設に住んでいるおばあちゃんが一円玉、五円玉がいっぱいにつまったコーラ瓶と菓子パンを持って、たずねてきてくれました。

これには、グッときました。

「少しですが、役立ててください」

という言葉に、「やめるわけにはいかない」と決心しました。どうしてもコーラ瓶を置いていこうとするおばあちゃんに丁重にお断りして、菓子パンだけをいただきました。

「そろそろ帰ります。がんばってください」

と言うおばあちゃんの背中を見送りながら、

「ありがとう、絶対続けますから安心してください」

と手を振りました。

その夜、私は「断固として放送を継続する」ことをみんなに告げました。

「灯を消すわけにはいかない」

「この街に正式なコミュニティ放送局ができるまで、何があっても情報を送りつづけなければ」

というものでした。

私の決断は、放送での告知やスタッフの伝言のみならず、「放送期間延長」という新聞記事にもなり、あっという間に街中に伝わりました。

何より、私たちの小さなラジオ局の「ただ放送期間を延長する」ことが新聞記事になるということに、私たち自身も驚きます。そして、「放送が続けられる」という喜び以上に、

「もうあとには引けない」

「やるしかない」

という緊張感と責任感がスタッフに走りました。

まだ見えぬゴールを目指して、とにかく前に進まなければ、という決心のときでした。

ヤドカリ・超スピード引越し

「やどかり」は自分の成長に合わせて背中の貝殻を取り替えていくそうです。私たちラルースも成長するにしたがって、二度の引っ越しを経験することとなりました。多くの機材を運び込まねばならないのです。いずれも大変な作業でした。それぞれ必然の流れがあったのですが、まずは最初の引っ越しです。

平成八年十二月二十六日、この日は同時にラルースにとって最大のピンチの日ともなりました。私たちの誇りは「三百六十五日、電波を情報を街の人々に送りつづける」ということです。灯をともしつづけること。これは私たちにとって重要なことなのです。当初半年の予定だったラルースの放送は、街の人々のリクエストで、コミュニティFM局の開局まで延長されることになりました。

トラック３台分はある機材や資料。どうやって12時間で……

しかし現在のスタジオは持ち主のご好意で、半年間の期限付きでお借りしていた場所だったのです。予定では十二月二十五日、クリスマスの夜十二時をもって、慣れ親しんだ「西宮公同教会の障害者情報センター」のスタジオから引っ越しです。幸い次のスタジオの場所は、提供してもらえることになりました。しかし、プログラムに穴をあけないためには、放送終了から翌日放送開始のお昼十二時まで、わずか十二時間の間に引っ越して、スタジオを再開せねばなりません。

そんな手品みたいなことが本当にできるのか？　通常であれば引っ越しだけでも三日は欲しいところです。さらにアンテナの設営、中継局の移設等を考えると一週間でもきついくらいです。

「どうしよう」と、みんなの気持ちを確認しました。すると、

「放送に穴をあけたくない」

全員がそう言ってくれました。これほど嬉しい答えはありません。

思えば、ラルースにおける私の役割など、このとき既に終わっていたのかもしれません。技術の話ではなくスピリッツの話です。みんな、「私たちが何を大切にし、何をするべきなのか」を既に理解してくれていました。「私がいないといけない」と思っていたのは私だけかもしれません。

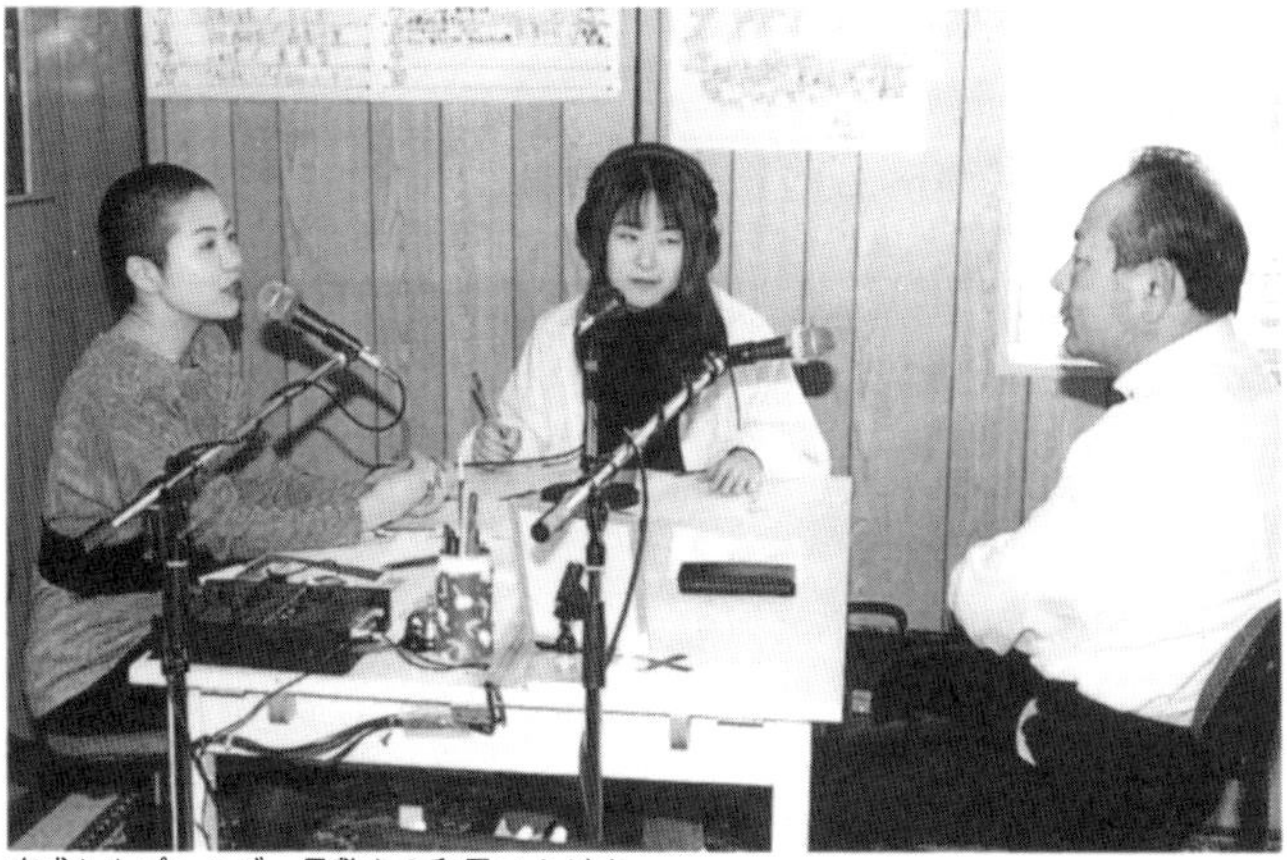
完成したプレハブ、畳敷きの和風スタジオ

実際、クリスマスの特番と引っ越しを、私が同時に指揮することは物理的に不可能です。この困難な引っ越しは彼ら自身が計画することとなりました。ポイントはいかに効率良く作業を進めるかです。クルマの手配、人の配置、配線、清掃、前スタジオの現状復帰、当日の番組制作スタッフ以外に別動の引っ越し班が編成されました。当日の番組制作に必要な物以外は続々と荷造りされ、引っ越しへと備えられます。まさに「放送に穴をあけたくない」という意識だけが、彼らを駆り立てたのではないでしょうか。

そして情熱は奇跡を呼び、翌十二月二十六日正午には、まるで何事もなかったかのように新スタジオでの通常放送が行なわれました。

スタッフは別に平然とした顔をしていましたが、私は感動していました。「大変なことをさらっとやりやがった」と。もちろん肉体的にも大変だったに違いありませんが、それより「自分たちで危機を乗り切る知恵と行動力、街のために絶対放送を続けるという意識」を身につけたこと、そんな彼らの成長ぶりに感動したのです。

新しいスタジオはＪＲ路線沿いのプレハブの小屋の二階部分、当時の「西宮ボランティアネットワーク」のご好意での居候です。鉄道からの振動、防音対策のため床の上に畳が並べられ、その上に器材が配置されました。非常に不思議な光景です。

こうして世界でも珍しい？　畳敷の和風ラルース二代目スタジオが完成したわけです。

タイムテーブルで見る このころのラルース

fm laLUZ / 78.3MHz Nishinomiya & Ashiya TIMETABLE 1996.2 VOL.8

	Monday	Tuesday	Wednesday	Thursday	Friday	Saturday	Sunday
12	西宮・芦屋情報BOX〜西宮・芦屋の最新情報をお伝えします (12:00-12:15) 池田玲子 荒谷弥生 小宮山敏恵ほか						
1	/SOUND SHOWER/				Anてな STEP UP TOMORROW 南山由佳	J.HITS Beat Cruising みきともひろ	SUNDAY Jr.NETWORK 二宮由紀子 &highschool students
2	AFTERNOON CRUISE Mon.-Tue. Massie Wed.-Fri. 樋口典子 ● HUMAN NETWORK 押川雅代 ● CINEMA BOX (At Random) 池田玲子					● Saturday Campus Paradise	がんばろう明日へ (再)
3						/SOUND SHOWER/	Sound Novels 中村美紀
4	/SOUND SHOWER/						
	西宮・芦屋情報BOX〜西宮・芦屋の最新情報をお伝えします (4:45-5:00) 池田玲子 荒谷弥生 小宮山敏恵ほか						
5	/SOUND SHOWER/					DADDY ZOO アニマル宗城	Mighty MusicMachine (再)
6					Mighty MusicMachine John,Dennis	RASTA MIYA KAHNA	PARALLEL WORLD 坂出逢典
7	ZERO'S BAR Simple NightTouring 藤本明緒	SoundMessege Presented by BLANTON 中司雅美	がんばろう明日へ 米田和正	Joe-Guy SoundStation Massie	Weekend Patio 荒谷弥生・HIROKO	Club Bird Land 〜Saturday Night Jam NOMIO	Papa's Renaissance 濱口和則
	西宮・芦屋情報BOX〜西宮・芦屋の最新情報をお伝えします (7:45-8:00) 池田玲子 荒谷弥生 小宮山敏恵ほか						
8	<放送休止>					K's Bless Ko-1	<放送休止>

◎大雨・洪水警報発令など緊急時には24時間体制で防災放送をお届けします。・放送時間・番組内容は予告なく変更する場合があります。

fm laLUZ の放送は以下の周波数でお送りしています。受信し易い周波数でお楽しみください。

78.3MHz	79.5MHz	77.1MHz	85.7MHz
南昭和町周辺、甲子園、西宮浜	甲風園（北口町方面）、河原町（上ヶ原方面）、神楽町	河原町（青木町方面）、[illegible]町、甲風園（高松町方面）	津門大塚町

また有線放送CAN (chE-6) により西宮・芦屋・宝塚市内全域にラルースの放送をお届けしています。

fm laLUZ 放送料金表

製作費は別途見積りとなります

●スポット料金（10本1セットで受け付けます）

20秒	3,000円
30秒	4,000円
40秒	5,000円

●タイム料金

15分	20,000円
30分	40,000円
60分	60,000円

fm laLUZ PRODUCED BY 西宮・芦屋FM推進協議会

嶋本昭三

私たちがプレハブの二階・畳敷きスタジオで懸命にもがいている頃、嶋本昭三先生と知り合うことができました。というより私が強引に先生に教えを乞いにいったのですが。

先生は西宮が誇る世界的な前衛美術家です。と、同時に「メールアート」という郵便を使ったユニークなアート交換のネットワークを世界中にお持ちの方です。二十年以上のメールアートの交換を通して世界中に本当にたくさんの人との交流を持ち続けています（芸術に関しては私は素人なもので、無理に説明して誤解があるといけません。文末のプロフィールをご覧ください）。

ただ、芸術を抜きに考えましても先生の「人を生かす発想」は本当に素晴らしいものです。私はそれがあるから、先生の周りにはいつも人のネットワークができるのだと思っています。

そこで私が最初に先生にお願いしたのは「ラルースに集う多くの人々を、どうすれば本当に生かすことができるか教えてほしい」ということでした。

しかし私のちっぽけな常識はとても先生には通用しません。例えば、先生が「私は美人が大好きだ」と公言する様は、一つ間違えれば誤解を受けそうで、そばにいるこちらがハラハラします。しかし先生の言う「あなたは美人だ」という方々には、私から見て首を傾げる（失礼します）方もおられました。

先生は人も物も一方向から見ない方です。ぐるりと三六〇度見渡して、一番の美点を見つけるといったほうが正しいかもしれません。そして、その美点を誉めたたえ、伸ばす様に言います。実にシンプルな発想です。

先生との出会いが私たちラルースにとって大きな転機となりました。

私は自分の周りに集まってくれた多くの才能ある人材を本当に生かし切っているのかということを日々疑問に感じていました。どんなに才能のある人物でも、それを見い出し世に出してあげることができなければ埋もれたままになってしまいます。

彼らの長所も短所も、全員が私にとってはチャーミングなのですが、私自身が古い思考のためか「個性派タイプ」のスタッフを「世の中全体」に通用させねばならないという一種の脅迫観念を持っていました。要は「私は彼らを素晴らしいと思うが、世の中の多くの人はどう思うだろう」と考え悩んでいたわけです。

でも先生は、そんなことを考えている時間があれば「この人には、こんな素晴らしいことがありますよ」ということを世の人に教えてあげなさい、とおっしゃっているようでした。

何より先生は素人集団で欠点の多いラルースのことを「素晴らしい」と各方面に説いてまわってくれました。おかげでラルースの支援者が飛躍的に増えました。

また一連の先生の言動のなかで一番驚いたのは「私の絵を売って資金にしなさい」と作品を寄贈してくださったときのことです。

先生の代表作の一つといわれる十メートル四方のその大作を、「みんなが買いやすいように」とはさみで切りわけられたときには唖然としました。

このときばかりはさすがに最初お受けしていいものかどうかさえ悩みましたが、結局先生のご好意をお受けすることになりました。「芸術とは、人を驚かせることである」と先生はいつもおっしゃいますが、本当に驚かされっぱなしです。

私たちは単に「人の和（輪）」と称していましたが、どうもラルースにとっても「ネットワーク」という言葉がキーワードになることが多かった様です。それが先生との運命の出会いだとしたら非常に嬉しいことだと思っています。

みずからＤＪを務める嶋本先生。女性ファンが多い。

【嶋本昭三プロフィール】
しまもと・しょうぞう。一九二八年、大阪生まれ。関西学院大学卒業。一九四七年、吉原治良に師事し、五四年、具体美術協会結成に参加。以後、従来の美術のカテゴリーを壊しつつ、独自の活動を展開しつづける。京都教育大学教授を経て、現在、宝塚造形芸術大学教授。
パリのポンピドゥ・センター、ローマ国立近代美術館をはじめ、国内外の美術館にコレクション多数。

［注］右プロフィールは当時。嶋本先生は二〇一三年に亡くなられました。

117

私たちにとって忘れられない、いや忘れてはならない日が一月十七日でしょう。私はこの日が近づくと毎回自分のやるべきことが何であるかを考えてしまいます。私たちが他の先輩ステーションと防災について談義するたびに、経験に勝る先生はいないということを感じてしまいます。私たちは本当に未熟で、設備も粗末な物しかありません。

5時46分にあわせて防災訓練に取り組むFM局「ラ・ルース」のスタッフら
ミニFM局「ラ・ルース」
地震を想定し防災番組放送

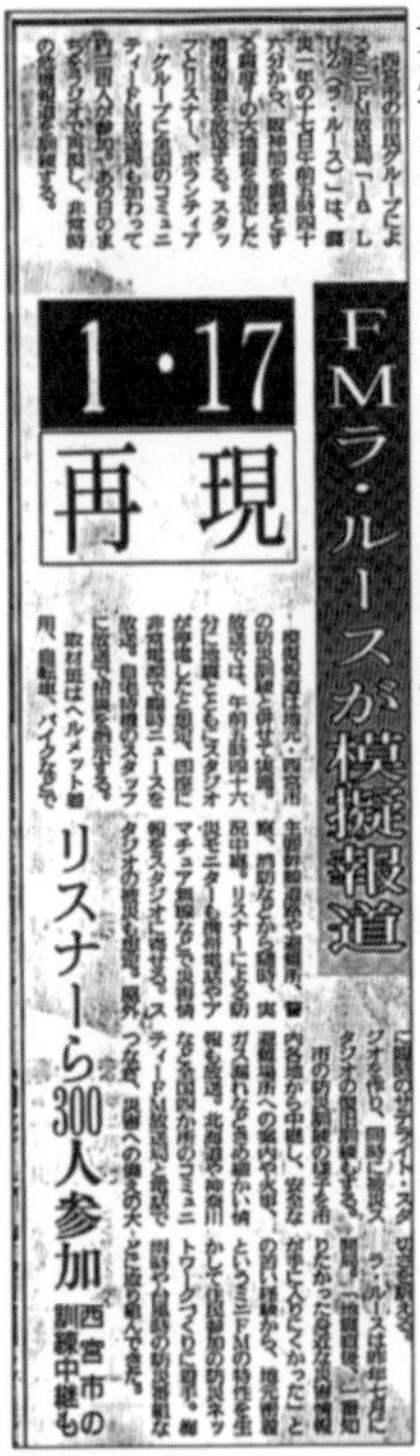
FMラ・ルースが模擬報道
1・17再現
リスナーら300人参加
西宮市の訓練中継も

しかし立派な設備がありながら、防災訓練をした覚えすらないという大手ラジオ局。最新の防災システムを導入しながら、使える人がいないという第三セクター局。火事が起こってから消防訓練をしても遅いのです。

先輩局の皆様には最大限の敬意を感じています。しかし、ラジオ局には報道という大きな仕事がありながら、広告で飯を食っているという二面性があります。現実は赤字を抱えたステーションが多く、皆営業に必死。立派な非常発電器も回したことがないという話を聞くことも珍しくありません。

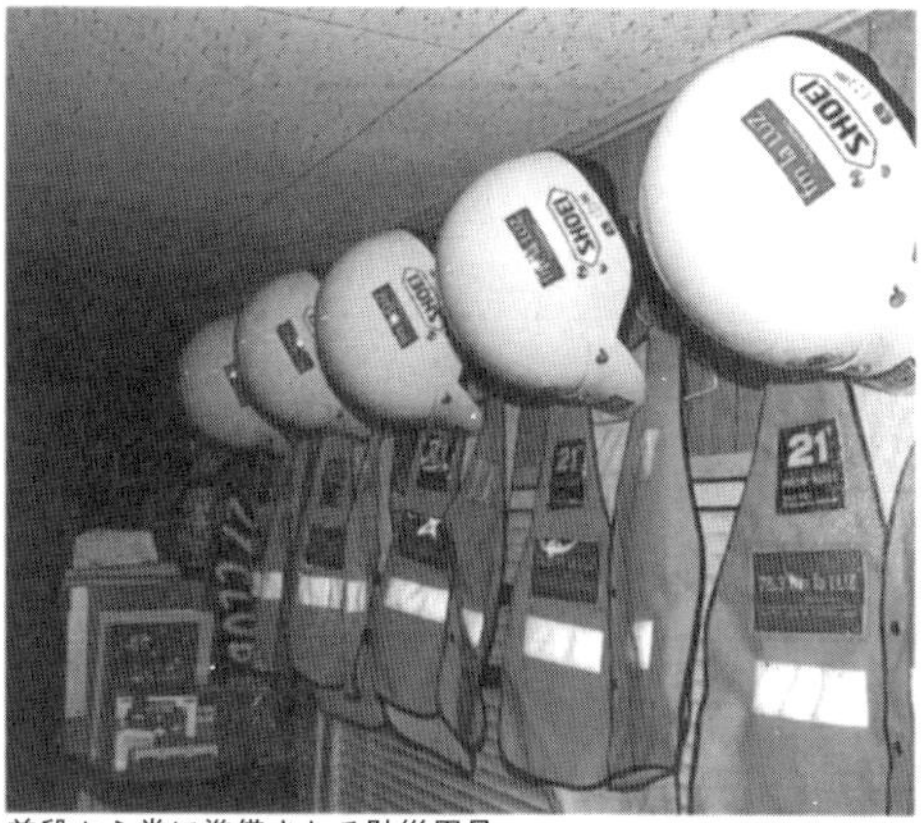

普段から常に準備される防災用具

私たちは経験者として言います。有事に街の人々が頼れるのはラジオです。私たちには、いかに苦しくても怠ってはいけない使命があるのではないでしょうか。私たちは、かけがえのない物を本当にたくさん失ってしまいました。同じ思いを他の地域の皆さんには味わってほしくありません。これはラルースボランティアスタッフ全員の願いです。

しかし現実は、滅多にない災害のため予算と時間を割くということは小規模のラジオ局にとっては非

訓練中、暗闇のなかスタッフの所在地を確認

常に苦しい話です。防災訓練よりも今日の営業、背に腹は代えられぬというのが本音でしょう。

震災を乗り越えた私たちラルースの使命は、今後の各地の災害に備えた実践的な「有事の防災放送マニュアル作り」だと思っています。

震災当時の報道は、災害地域より災害地域外への必要情報が優先されていました。全国放送だと、災害の規模を報道せざるを得ないでしょう。しかし、現場では「何人亡くなったか」よりも「どこへ避難すれば安全か」が知りたかったのです。地元ラジオ局の指名は、可能な限り速いスピードで、本当に住民が必要としている情報を送りつづけることだと私たちは考えています。

そして、私たちはいつでもそのノウハウを提供します。

一例をあげれば、細かな地名表示、目印など、地元住民にわかりやすい表現。各町ごと、各学校ごとの安否確認。稼働医療施設の案内。国道や主要幹線以外の道路情報。ガス漏れや火災情報。etc。

他にも、クルマが渋滞して動かないことや、電話が通じないことによって「冷静さを失わないこと」を呼びかけることも大切です（非常時には、むしろ渋滞や電話のパンク状態が「自然」な状態なのです）。

以上、とてもここには書ききれませんが、何より普段から「いざというときはラジオを聞く」という信頼関係を街の住民と持っていることが大切です。

そのための訓練は本当に必要なものになります。全国の各コミュニティ放送局の現状に照らしあわせて、それを行なうことが難しいとすれば、公的な訓練、設備等への早急な費用援助を期待せざるを得ません。

屋外での緊急時の応急処置演習
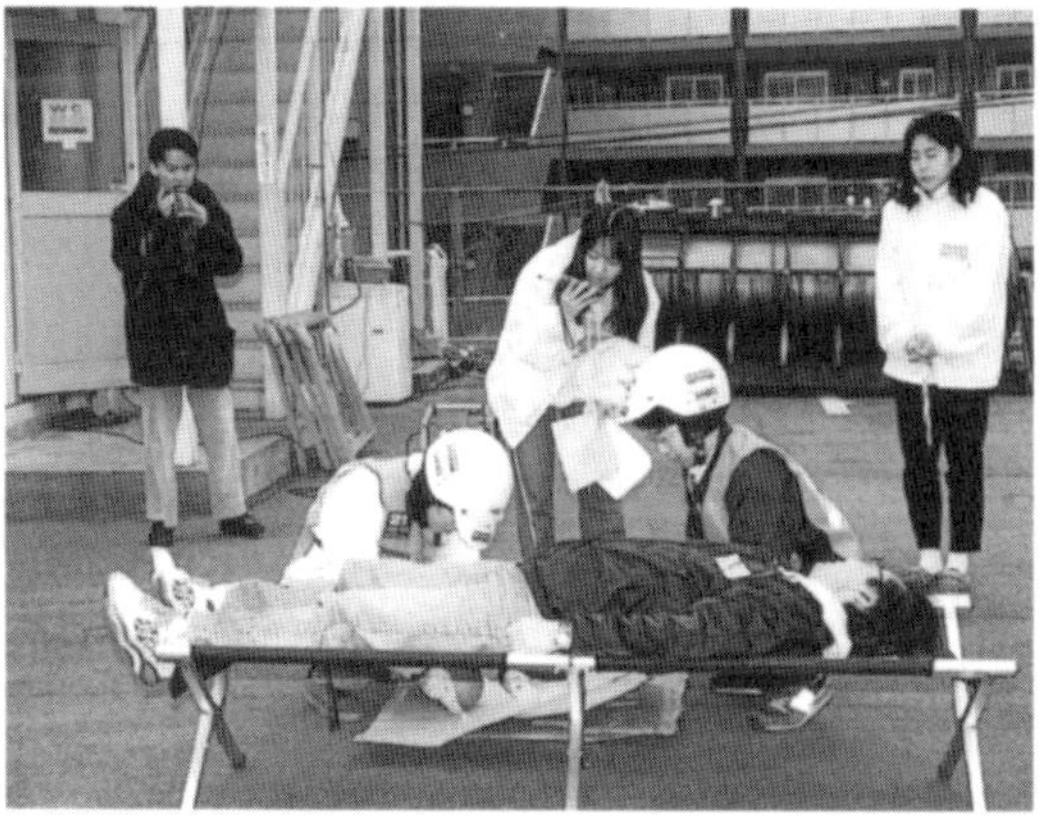

異邦人

NGOの言葉が耳になじむようになってきたのも、多くは震災後のことです。しかし、その創生期は混迷を極めていました。無理もありません。誰もが未知との遭遇なのですから。しかし実際に作業にあたっているものにとっては、たまったものではありませんでした。例えば、ボランティアグループが拠点となる場所を確保しようとすれば、ある程度公的な場所の使用が認められます。しかし、活動費はどこからも捻出できません。通信費や最低限の交通費でさえ、熱心に活動すればするほど、現場のボランティアの負担が増えることになるのです。個人の金銭的負担を最低限にしてあげれば、活動にも熱が入るのではないでしょうか。

コミュニティーFM局作ろう
西宮のミニ放送局「ラ・ルース」
会社設立資金
援助呼びかけ
支援団体結成
七夕開局目指す

私はボランティアの人々には労働を提供してもらって、精神的な満足感を得ていただくことを提唱しています。自分の行動が世の中の役に立ち人々に感謝されることは、人としてこのうえない幸福感を得ることができます。

コミュニティー放送局を目指す
震災で開局したミニFM局「LALUZ」
「西宮エフエム放送」を設立
地元企業や商店街の支援を受け

私たちの放送にあてはめれば「いつも聞いてます」「ご苦労様、ありがとうね」の言葉を受けた瞬間、多くのボランティアの方々がこのうえない幸福感に包まれたと聞いています。ラジオ放送という性格上、参加するボランティアの多くは社会福祉や正義感に燃えるというタイプよりも、街の音楽好きといったタイプの参加のほうが多いのが特徴です。

本来「かっこいい音楽を聞きたがる普通の若者」タイプの人は、暗く捉えられがちなボランティア活動から縁遠いものです。彼らがメディアを通して抵抗なくボランティア活動に参加してくれたということは、私にとって嬉しい誤算でした。のべ十五万人という、けた外れの人数が参加できたのも、こうしたごく普通の人々の参加可能なスタイルにあったように思います。

しかし受け入れるほうは大変です。日に日に増え続けるボランティアスタッフ。彼らが安全にかつ、より希望通りの活動を

多くのボランティア団体は解散していると言うが……

行なうためには多くの資金、時間の負担が必要になります。ここで冒頭の話に関連するのですが、長期に安定した体制を確保しようとすれば、法人化は不可欠です。ところが法人化するとなると一般企業と同じ扱いになり、公的な場所の無料使用が認められないのです。行くも地獄、帰るも地獄、どうしても資金難はつきまとうことになります。

いつまでたっても多くのＮＧＯグループが清く貧しく、そして結局解散への道をたどっている原因はこの辺りにあるのではないでしょうか。

「がんばってください」の言葉はあっても、金銭的な支援はない。ラルースもしかりでした。しかし、どうして今まで関わってくれたたくさんの人々の気持ちを無にすることができるでしょうか。永続的に放送を続けるため、来るべきコミュニティＦＭ局としての開局のために事務所とスタジオを自力で確保する。私たちは覚悟を決め、法人化に踏み切りました。どうせ地獄なら前を向いていこうというわけです。

ところが法人化されると「会社なら今までのようには、応援できない」「法人なら自力で」という対応になります。内情がボランティア体制のまま変わらなくても、「もう法人なのだから」なのです。まだまだわが国では市民のボランティア活動への対応や措置を理解、判断しかねているようです。「法人」であり「ボランティア」である私たちは、まだ当分、この国では異邦人のようです（近日、ボランティア団体の法人化が認可されることになりました。嬉しい話題です）。

より多くの一般市民の方々にも、ボランティア活動のコーディネートに経費が掛かることを理解していただけたらと思います。わが国では、ボランティア団体に事務所を貸す不動産はありません。法人でなければ事務所ひとつ借りられません。それも安くは借りられず、家賃も支払わなければなりません。場合によっては、その費用さえもボランティアの人々に負担させることになります。これではボランティアが育つわけがありません。

再度言います。震災後、星の数ほどあったボランティア団体の多くは、現在消滅したり縮小しています。複雑な問題もありますが、市民の自発的な善意を応援する風潮が社会に根付けば、と心から願わずにはいられません。

タイムテーブルで見る このころのラルース

fm laLUZ Nishinomiya　**TIMETABLE** 1997.7／VOL.25

	MON	TUE	WED	THU	FRI	SAT	SUN
11	AM11:15 放送開始 Plaza de Cefiro 池田玲子	Port Mother 堅田 晶代	<放送休止> PM12:00 放送開始			AM11:15 放送開始 UP TO YOU [illegible]	<放送休止> PM12:00 放送開始
	西宮・芦屋情報BOX ~西宮・芦屋の最新情報をお伝えします（12:00-12:15） 光援会／ 池田玲子 Patluzia 小宮山敏恵 臼杵良祐 荻野 恵美子 ほか						
12–1	Pastel Light Avenue 堅田 晶代		藪中 有香子	濱根 順子	Anてな Step Up Tomorrow 南山 由佳 Sound Shower	TSUTAYA 西宮[illegible]店Presents J-Line Best10 樋口 典子	Sunday Jr.Network 濱根 順子 &Jr.Students
2	Afternoon Cruise Massie ●Human Network 押川雅代 (At Random)		樋口典子		中司雅美	Saturday Campus Paradise [illegible]	J-HITS BeatCruising みきともひろ
3	Sound Breeze Café Patie		Hyo-Me	HIROKO	Patie	関西技術コンサルタント Art Network 嶋本昭三・半田まゆみ 嶋本英美	Sound Novels 中村 美紀 Sound Shower~
4	西宮・芦屋情報BOX ~西宮・芦屋の最新情報をお伝えします（16:45-17:00） 光援会／ 池田玲子 Patluzia 小宮山敏恵 臼杵良祐 荻野 恵美子ほか						
5	SoundShower~ ● Non stop Special Music selection				情報BOX Porque? 小宮山敏恵	Rasta Miya KAHNA	Mighty MusicMachine (再)
6	今月のおすすめMENU 真夏に相応しい選曲で存分にお楽しみ下さい ●Rasta Miya Sat / 5:00~ ●Sinple Night Touring Wed / 8:00~				Mighty MusicMachine John·Dennis	Daddy Zoo アニマル宗城	Parallel World 坂出 達典
7	Gaia の声 米田 和正	Sound Message by BLANTON 中司 雅美	Apple Jam 嶋本高之	まあるいさんかく やまもとゆうこ [illegible]	日僑商事 Weekend Patio Charley & Nao	Club Bird Land ~Saturday Night Jam NOMIO	Papa's Renaissance [illegible]
	西宮・芦屋情報BOX ~西宮・芦屋の最新情報をお伝えします（19:45-20:00） 光援会／ 池田玲子 Patluzia 小宮山敏恵 臼杵良祐 荻野 恵美子ほか						
8	Travelin' Keiko あずみ けいこ	Field of Dreams office g.love	ZERO'S BAR Sinple Night Touring 藤本 明緒	Joe-Guy Sound Station Massie & Mick	SoulGeneration Sound of WOTOWN Mr.Sawada・Yasu	阪神テレコム K's Bless KO-1	N Wind 日比秀一 <放送休止>

※大雨・洪水警報発令など緊急時には24時間体制で防災放送をお届けします。放送時間・番組内容は予告なく変更する場合があります。

Catch! Our Wave fm laLUZ Usen 440 でも ON AIR! I-4ch 西宮から明石までの全域にラルースの放送をお届けしています。
☆インターネットでfm laLUZとアクセス!!
（株）西宮エフエム放送

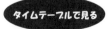

インターネットラジオ

必要な発明の母とはよくいいますが、私たちも届かぬ電波のおかげで様々な工夫を凝らしつづけました。現在一般大衆にとって一番手軽に情報発信できるメディアがインターネットです。ホームページさえ持てば、大手新聞社であろうと個人であろうと同じ土俵に立てます。あとは中身で勝負!

リスナー投稿 電子メールで
ミニFM局がホームページ
西宮の「la LUZ」
ニュース、地域情報発信

他のメディアで個人が大企業や行政相手に対等に勝負できるものはありません。しかしインターネットは世界に通用する自由なメディアですから、外圧に弱いというわが国のデメリットが、皮肉にも一般個人に還元されたといえます。

これは非常に嬉しいことであり、弱小メディアであるラルースが使わない手はありません。まずホームページの開設をと思いましたが、予算も弱小のラルースのこと、世界

南米の真の魅力知って
インターネットでも放送　西宮のミニFM局
16日から
3日連続で特集番組
インタビューや現状報告
人質事件　イメージ一掃へ

に発信というメリットと、出費というデメリットの均衡が重要になります。

単なるホームページ作成では、メリットがハッキリしません。どうしたものかと思案していたところ、耳慣れぬ言葉を聞きました。「インターネットラジオ」という言葉です。

最初私たちは、この耳慣れぬ言葉に戸惑いました。インターネットを通して画像、文章を見るのではなく、ラジオを聞く？　現在では少し知られていますが、当時は電話線を通してパソコンでラジオが聞こえるという状況が想像できませんでした。まだＩＳＤＮも出始めたばかりのころです。世間ではまったくこの存在が知られていませんでした。

しかし貪欲な消化能力の持ち主・ラルーススタッフはこの「インターネットラジオ」の可能性に飛びつきました。わずか百メートルの距離に苦労していた私たちの放送が一気に地球の裏側まで飛んでいってしまうのです。「地球の裏側でもラルースが聞ける」の言葉は、常に可聴エリアとの戦いであったラルースにとっては神様からの贈り物か、とも思えるほど嬉しいことでした。

計画は即座にスタートし、実現に向けてプロジェクトが始まりました。ただしこちらには何のノウハウもありません。文章のみならず、音声や画像を発信するということは予想以上の出費と時間を費やすことになりました。

何より、インターネット放送を開始するには、まずパソコンを買わねばなりません。実は恥ずかしい話ですが、それまで私たちのスタジオにはワープロしかなかったのです。まずはコンピューターのお勉強。Macintoshとにらめっこの日々が始まりました。ホームページの作成や、インターネットをはじめるためのドメイン（インターネット上の住所）の取得。放送をネット上に送り込むためのサーバー（放送送り出し用のコンピューター）の制作や専用ソフト、モデムの購入。専用回線の確保等々、まあおぼえないといけないものの多いこと。と言っても、パソコン初心者がいきなり最先端の技術を利用しようとしているのですから、当たり前の苦労ですが。

まあスワンネットの藩氏という優秀なブレインの協力があって、初めて実現できたということを正直にお伝えして、技術の話はここらへんにしておきましょう。

やっと環境が整い、いよいよホームページの開設。「www.laluz.com」でのネット放送の開始となりました。実際にパソコンを通して聞こえるラルースの放送、見える映像は大きな反響を呼びました。西宮市内のみならず、神戸、大阪、京都、そして東京や北海道からも便りが寄せられます。私たちは最初、それに大喜びでした。

「石川県からメールが来てるよ」

「東京で聞いてるんだって」

と興奮しました。しかし、私は一抹の疑問を感じていました。その段階ではまだ漠然としたもので、何が不安なのか、ピンときませんでしたが、それがはっきりしたのは「ニューヨークからメールが届いている」と聞いたときでした。

「私たちに、そんなところまでカバーする能力、必要があるのか」という点です。ここへきて広がりすぎたエリアは「いざというときにカバーできる範囲」というラルース設立時のテーマから大きく外れていました。

「エリアが広がって、中身が薄くなるような放送はしてはいけない」

私はみんなに釘を差し、自分自身じっくりと考えてみました。

まず私たちに必要なことは、地域情報の確保、発信です。これは何があってもやらなければならないことです。しかし、放送というものはある種恐ろしいもので、発信したとたんどこへ行ってしまうかわからない「気まぐれな子ども」のような不安を私たちに残します。例えば、よちよち歩きの子どもでも部屋の中だけで遊んでいれば親の目も届くので安心でしょう。しかし、それが公園、町内、というふうに範囲が広がっていけば、親は無事帰ってくるまで心配するのではないでしょうか。

みんな、少しは放送内容も技術も向上しています。しかし、本当に大丈夫でしょうか。心配が尽きないそんなとき、フランスからメールが届きました

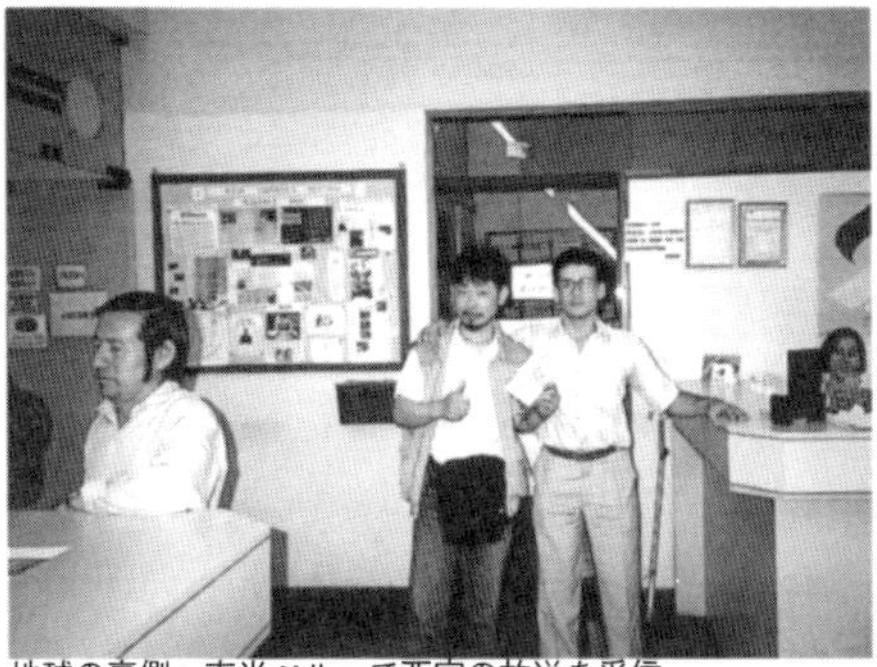

地球の裏側・南米ペルーで西宮の放送を受信。
そしてレポートを西宮に送信した

「二年前まで二十五年間西宮に住んでいました。仕事で海外転勤となり、この地へ移ってまいりましたが、やっぱり私の故郷は西宮であることに変わりはありません。震災後、さっぱり手に入れようがない故郷の情報をどれほど残念に思っていたかしれません。インターネットで故郷の放送がリアルタイムで聞けることを知り、懐かしい故郷のなまりでの放送を聞いたときには涙が出ました。さっそくヨーロッパに在住している同郷の友人に放送が聞けることを知らせました。みんな最初は半信半疑でしたが、大喜びです。まだまだ大変な状況は放送を通じても理解できますが、遠方より応援いたしております。ラルースの小さな光はこちらまでちゃんと届いています。スタッフのみなさまにもよろ

しくお伝えください。PS・二十四時間の放送は時差の点からも非常に助かっています」

言葉を失いました。「世界はつながっている」「西宮市だけが西宮ではない」と、インターネット越しではありますが、確実に人と人とのつながり、ヒューマンネットを感じることができました。そして同時に「ネット放送は続けなければならない」と使命感を感じました。

まだまだ未熟なラルーススタッフですが、私は条件つきで外の世界に出すことにしました。子どもに「五時には帰ること」「クルマが通る道では遊ばない」などのルールつきで外で遊ばせるのに近い気持ちかもしれません。

幸い、親が心配するほどの問題も起きず、「最低限の門限は守る」程度のことはやってくれています。私が知らない間に成長しているようで少しホッとしました。

わが身の周りの人々とのコミュニケーションが取れずして世界の人々とのコミュニケーションはあり得ません。外の世界とだけつながっているドーナツのような状態はあってはならない。

「インターネット&ヒューマンネット」は今後も私たちのテーマです。

★スタジオラルースからの放送は「http://www.laluz.com」でお聞きになれます。

PALOMA

みなさんは中国の朝の通勤風景を思い浮かべることができますか。おびただしい数の自転車の群れが、渋滞したクルマの間を走り抜ける……。そんな光景です。その自転車をバイクに置き換えたような光景が震災後の阪神間の各地で見られました。

もちろん通常はクルマのほうが便利な乗り物ですが、渋滞知らずで機動力あふれるバイクは、私たち被災地に暮らす人々の貴重な足となりました。

ところで、私が最初にラジオ局というメディアとバイクにつながりを感じたのは、やはり震災のときでした。私自身、十六歳で免許を取ってからずっとバイクに乗りつづけてきました。しかし自分の乗っているこの乗り物が、まさか自分たちの仕事や、人の役に立つということは考えてもみませんでした。

災害想定し56時間

西宮のミニFM局「ラ・ルース」

ぶっ通しの生放送

台風の中、関東局と交流も

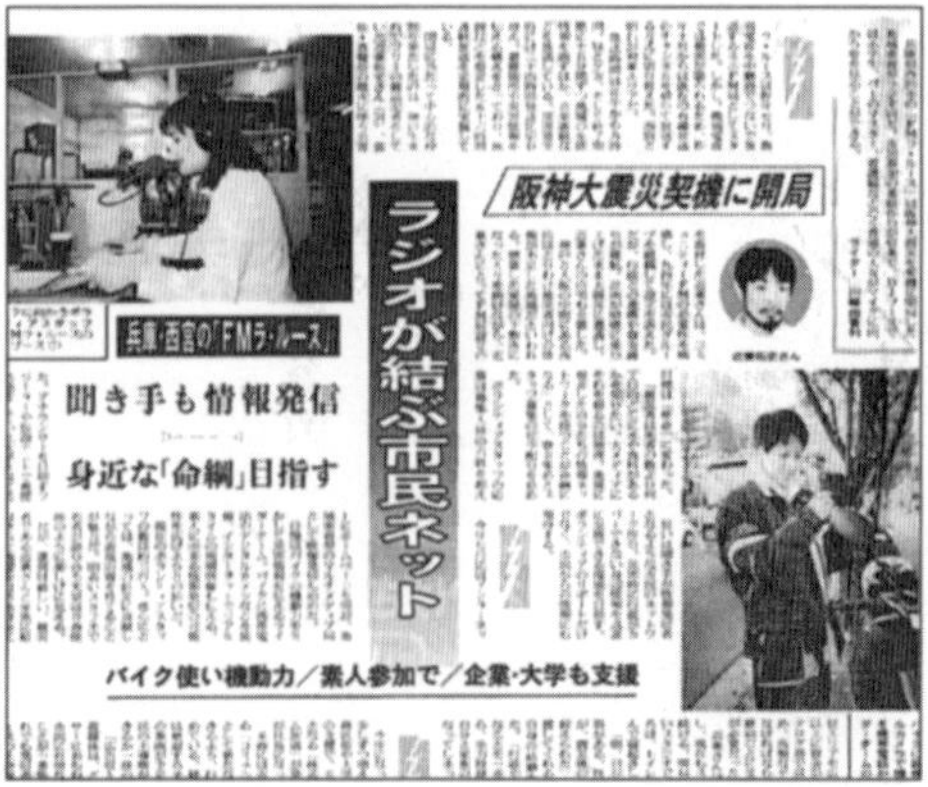
ラジオが結ぶ市民ネット

阪神大震災契機に開局

兵庫・西宮の「FMラ・ルース」

聞き手も情報発信

身近な「命綱」目指す

バイク使い機動力／素人参加で／企業・大学も支援

クルマは便利な乗り物です。実用性でいえば、普段はバイクではなかなか歯が立ちません。ところが、いざ災害が起きると立場は逆転しました。私たちが震災で経験したことは、クルマは災害時には動けないということでした。何よりその大きさゆえ車両自身が道をふさぎ、障害物となって後続車の通行を妨げてしまうのです。でもバイクだと人一人が通れる幅だけで充分なのです。オフロードバイクならガレキも乗り越えてしまいます。実にいざというときには便利な乗り物であることを再認識させてくれました。

実際私たちは震災直後、あるときは食料や水を積み、またあるときは取材にと、精一杯ガレキの街をバイクで走り回りました。

その経験を生かし、私たちラルースでは取材にバイクを使っています。当初は必然性から生まれた苦肉のアイデアでしたが、やがてその有効性が際だちはじめ、バイクレポーターはいつしかラルースのイメージリーダーとしても活躍することになります。

情報を正確に伝え、無事帰ってくるようにとの願いを込め、彼らはパロマ（スペイン語で伝書鳩の意味）と名付けられました。パロマ隊の誕生です。奇しくもパロマは平和のシンボルとしても世界中で認知されています。メッセンジャーとして最高の名前を得ることができたように思います。

そのせいではないでしょうが以後、彼ら伝書鳩たちの活躍はすさまじく、阪神間の街々を走り回り、常時情報を送りつづけ、果ては北海道から沖縄まで日本中のフレンド局（友だち付き合いのあるラジオ局）を訪問しています。

彼らの翼には限界がありません。普段わが街を自由にとびまわるパロマたちですが、あるときは私たちの街のメッセージを携えて姉妹都市（友好都市）のある、地球の反対側の南米やペルーをも訪れています。地球上の「わが街から一番遠い場所」からインターネット越しに送られてくる放送やメッセージに、南米の人々も西宮の人々も感激しました。ほかにもあるときは同

ラルースの日、パロマレポーターが街へ出動する

メッセージを持って全国のコミュニティＦＭ局へ出発

じ被災地である極寒のサハリン最北部の街まで、救援物資とメッセージを持って訪問したりしています。

いずれも人種、国家を超えた本当の意味での民間レベルでの相互理解と文化交流を果たしています。「俺たちの声が聞こえるかい」とばかりに、彼らは今日も元気に街をとびまわっています。

西宮発世界へ、イメージソングまでできる彼らの人気の理由がわかる気もします。

fm laLUZ News/'96 Oct

PALOMA
大募集！

fm laLUZでは、ステーションの番組をお手伝いしてくれる、レポートライダー（パロマ）を大募集しています。バイク好きのあなた、ラジオ好きのあなたの参加をお待ちしています。ひょっとすると、あなたのレポートがON AIR に乗ってしまうかも!

PALOMAとは、スペイン語で伝書バトを意味します。正確に情報を伝え、かつ無事に帰って来るようにとの願いを込めてネーミングしました。

18歳以上の、任意保険に入った自分のバイクをおもちの方。まずはスタジオに遊びに来て下さい。経験不要、男女不問、皆さんの参加待ってます。

聴かなくなったCDを譲って下さい！
ラルースではCDが、非常に不足しています

fm laLUZでは皆様のリクエストに十分お応え出来るだけのCDが、残念ながら在りません。ボランティアで参加する多くのスタッフが、個人のCDを持ち寄って放送を行っております。スタッフの負担を少しでも軽減するために、「この曲を聴きたい！」と言うリスナーの熱いリクエストの声にお応えするため、皆様の家で眠っている聴かなくなったレコードやCDを譲って頂けませんか。皆様の善意のCDを街の皆様の為に役立たせて頂きます。皆様のご協力をお待ちしています。詳しくはラルースまで、お問い合わせ下さい。

第５期ボランティアスタッフ大募集！

DJ、ディレクター、ライター、ヘルパーも募集中。プロを目指すあなたから、一度参加してみたいあなたまで、週１回でも参加出来ちゃいます。楽しい放送業界を、のぞいてみませんか。

お問い合わせ

fm laLUZ ／株式会社西宮エフエム放送

ＰＡＬＯＭＡを募集した際のチラシ。

PALOMA

LYPICS／Massie
MUSIC／Massie&Nakkan
ARRANGE／Joe−Guy' sBAND

広い砂浜に　寝そべって
大きな船が　遠くに小さく映る

朝日の照り返しさえも
心に優しく語りかける

海辺の街の物語始まれば
知らない国　たくさんの人に　伝えることができたなら
いつか夢を乗せた貨物船で　仲間と海を渡る

光と風を追いかけて
俺たちの声が聞こえるかい？
光と風を追いかけて
いつまでも　どこかもっと遠くへ……
もうすぐ逢える

知らない街のメッセージ受け取れば
知らないこと海辺の街に運ぶことができるのさ
いつか夢を乗せた貨物船が　この港に帰ってくる

光と風を追いかけて
俺たちの声が聞こえるかい？
光と風を追いかけて
いつまでも　どこかもっと遠くへ……
もうすぐ逢える

光と風を追いかけて
俺たちの声が聞こえるかい？
光と風を追いかけて……いつまでも

See the light & Feel the wind

※写真は、『パロマ』レコーディング風景です

Kobe to サハリン
もう一度あの日に帰って考えよう

サハリン　震災の町
地図に消え　心に消えず
神戸・西宮で写真展計画
「復興は人から始まる」

ところでみなさんはネフチェゴルスクという街をご存じでしょうか。阪神淡路大震災から遅れること四カ月、平成七年の五月に北サハリンを巨大な地震が襲いました。わずか三千人余の街は、一瞬にして二千人以上の人々が亡くなることとなりました。

同じ痛みを知る私たちは、生き残った人々に「お互い、がんばろう」と心で叫んだものです。しかし、彼らサハリンの人々の出した結論は「街を捨てる」というものでした。

それは懸命に街の復興のためにがんばっていた私たちにとって、あまりにショックなニュースでした。地図から自分たちの愛する街の名が消えるなんて考えられぬことでした。

ところが日本でも震災から一年のときが過ぎ、少しずつ街が立ち直ってゆくころから、復興についていけない人々が出始めました。そしてそのころから私たちは、サハリンの人々のことを改めて考えるようになりました。街を、建物をあきらめた彼らはいったい何にエネルギーを注いでいるのだろう。私たちと別の方法をとった彼らの街を訪ねてみたい。パロマレポーターとして彼らと会って話がしたい。そう思うようになってきました。

サハリンの大地は厳しい。
ここで被災した人々の苦労はどれほどだっただろう

とは言ってもそう簡単に会いにいけるわけではありません。それには北方領土等の様々なロシアとの政治的現状も絡んでいました。結局一年の準備期間ののち、多くの人々に助けられて、ようやく私たちはこの夏全行程七千キロ、サハリンへと旅立つことができました。

しかしそこは、日本の隣でありながらまったくスケールの違う雄大な自然を保つ大地。一日中走っても果てなど見えぬ道。今さら当たり前のことですが、髪の色も言葉も習慣も違う彼らと、同じ災害に遭ったというだけの接点で、本当に理解しあえるのか不安が広がりました。もしかしたら私たち日本人の発想は感傷的

なのかもしれない。何より、わざわざ不便なバイクで異国から訪ねていく意味を理解してもらえるかどうか……。でも、私はどうしてもバイクで行かねばならないと考えていました。

もちろんそれには有事の交通手段としてバイクが有効であるという観点からの発想でもあります。しかしそれだけでなく、私は飛行機やクルマを使っては彼らの生活を、気持ちを、肌で知ることができないと感じたのです。何かバイクじゃないと伝わらないモノがあるような気がしていました。

そして、サハリンに到着。私の不安は杞憂に終わりました。彼らに気持ちは充分に通じ、「わざわざバイクで来てくれたのかい！」と驚きにも似た感動で私たちを迎えてくれたのです。

実際サハリンに渡った時期はちょうど雨期にあたり、私たちは何日も雨に打たれっぱなしで走りつづけねばなりませんでした。舗装された道などほとんどなく、ひと雨降ればたちまち道はぬかるみとなります。それに着いたときはまだ九月だというのに、気温は夜には五・六度しかありませんでした。その自然の厳しさと寒さを直に経験した私たちは、被災したサハリンの人々の大変さを肌で感じることができました。

ようやくたどり着いたネフチェゴルスクの街は、あの日の神戸を、西宮を思いださせる胸の痛む光景でした。しかし誰もいないはずのその場所には立派な慰霊碑が建ち、たくさんの花が今も供えられていました。地図から街は消えても人々の心から街が消えることはなかったのです。持参した慰霊像や供養の酒を供えていると、ロシア人たちは「ありがとう」と言って泥だらけの私たちを抱きしめてくれました。

彼らは言いました。

「私たちの国にもお金があれば、もちろん街を捨てたくなかった。でも復興の方法が違うだけで、きっと神戸の人と目指すところは同じだと思う」

その後、私たちはネフチェゴルスクで被災し生き残った子どもたちを訪ね、彼らと一緒に遊ぶ機会を得ました。最初見知らぬ東洋人に気持ちを開いてくれなかった彼ら

彼らに会えたことで、私の目標がつかめた

が、バイクの後ろに乗せてあげると大喜びし、最後には我も我もと列を作りました。背中にしがみつく彼らの温もりや、奇声をあげて目を輝かせる姿は、きっとバイクで行かなければ見ることができなかったでしょう。

このとき、私は探していた復興の意味のヒントを感じることができたような気がします。

神戸でもサハリンでも明日の街をつくるのは子どもたちです。この子どもたちがまっすぐに成長することが街の復興につながる。私たち放送人は彼らをまっすぐに伸ばしてあげる手伝いならできるのではないか、そう感じました。

ずいぶんと苦労はしましたが、私たちはサハリンの人々を、その自然を自分の肌で感じられました。その経験のなかで私たちが次にやるべきことを見定めることができたような気がします。

Kobe to サハリン写真展
神戸とサハリン。震災により被災し、別々の復興の道を歩んだ2つの街を、近兼拓史が撮り下ろした写真展が全国を巡回しています。詳しくは巻末の情報をご覧ください。

スタジオーaLUZ 新たなる旅立ち

私たちは独自の放送局設立ではなく、西宮市、商工会議所と一緒に開局することを望んでいました。ですから、市内に正式に「西宮コミュニティ放送開設準備室」ができたとき、西宮市や商工会議所のメンバーと同じく一市民の集団である私たちが、「一緒に出資してコミュニティ放送局を作りましょう」という場に招かれたのは本当に喜びでした。

小さくとも「FMラルース」という名には、もちろん愛着を感じています。しかし、私たちが作りたいのは「プライベートステーション」ではなく「我が街の放送局」です。それもできれば一部の市民のみならず地元行政、地元企業とともに作りたいと考えていました。そう考えていくと、第三セクター方式による行政と一般市内企業との共同事業が一番望ましく、ありがたい形です。

「ORQUESTA DE la LUZ」（光の楽団）のボーカル・NORAが、FMla LUZ（光のラジオ局）に、遊びに来た

呼んでくださったみなさまには本当に感謝しています。多くの支援者や街の声が私たちをその場に運んでくれました。受け入れてくださった行政、後押ししてくださった企業のみなさんの期待に応えるべくがんばらねばなりません。

しかし、共同事業となる限り、各々の出資者の立場や意見も尊重しなければなりません。これからは私たちの理論、理想だけを持ち出してもしかたないのです。それにあたっては三つのハードルを感じていました。

まずは共同事業である限り、放送局の名前が新たなものになるだろうという点です。みんなの努力や愛着を考えると、「ラルース」の名前を消してしまうのには抵抗があります。スタッフのみんなも寂しがるでしょうが、出資者の意見を尊重することは資本主義のルールです。ただ、理屈ではわかっていても、現実にみんなを納得させられるかどうか、それが問題でした。

親しんだラルースの名は消えてしまうのか

次の点は、三百人以上にふくれあがっていたラルース・ボランティアスタッフ全員を、新たに設立する新会社で引き受けてもらうのは難しいだろう、という点です。当然のことですが、会社とはいえ小エリアのラジオ局ですから、収益もそう多くは期待できません（そのことは何より私たちが身を持ってよく知っています）。経費節減のためにも、「人を抱え込まない」のが大原則になります。少数精鋭での事業計画が正論です。無理に受け入れを求めるのは無茶な話です。

ただ私は、どうしてもいままでがんばってくれたボランティアスタッフの方々を切り捨てる気にはなれなかったのです。「誰一人切り捨てたくはない」という私の考えは、経営者としては失格だと思います。しかし街の人のためにと始めたラルースが、街の人を切り捨てることはどうしてもできません。できるわけがありません。そうすることは、何より私たちの存在意義すら危うくなってしまうのです。難しい問題です。

そして最後は制作権の確保です。私たちは名誉よりも、お金よりも「市民自身が情報を発信する」制作スタイル、これだけはゆずれないのです。

つまり私の考えていた最低限の和合条件は①ラルースの名前の存続②ボランティアスタッフの受け入れ③制作権の確保でした。

しかし、コミュニティ放送の設立当事者のみなさんにとっては、このどれもが「無理を言うな」と言いたくなるような課題であったと思います。放送局としては、存続を考えるならまず「収益性」を考えます。

そうして考えていくと、私の提案する人の受け入れはまったく収益性に反するものです。

局の名前に関しては出資者の意思に委ねられますが、無理強いはできません。また、するべきものでもありません。

制作権については、私たちの心配は杞憂に終わり、十分に私たちのいままでの実績を買っていただきました。この点は、すんなりご理解いただき、全番組制作の半分はラルースに任せてもらえることとなりました。それどころか逆に「制作費が少なくて苦労するかもしれないが」と、応援していただき、本当にありがたいお話です。

ただ、ここで改めて感謝したいのは、新しい放送局が第三セクターの会社であることを考えてのことです。にもかかわらず、この点を快諾してくださったのは、地元行政が市民を本当に信用、理解してくれていたからこそであり、西宮においての行政と市民との信頼関係を表すものに他なりません。信頼関係がなければ、本来一番難色を示す部分のはずです。これは我が街の誇るべきことだと私は思っています。

さて、最大の関門はあっさり越えたものの、残りの二つに関しては糸口がつかめません。苦悩の日々が続きます。

今でこそ言えますが、この時期私はたくさんの円形脱毛ができました。しかしその甲斐あってか、苦心の末、妙案が浮かびました。それは「FMラルース」を「スタジオ・ラルース」として存続させ、その中で既存のスタッフをすべて受け入れるというものでした。これならば新会社に金銭的負担や、ボランティアスタッフの管理責任が及ぶことはありません。ボランティアスタッフのみんなにもいままで通り、のびのびと活動してもらえます。

彼らのうち誰一人、切り捨てるわけにはいかない

確かに私たちの負担は大変なものかもしれません。でも「貧乏人の子だくさん」「狭いながらも楽しいわが家」、いままでがんばってくれたスタッフのみんなの首を切るくらいなら、笑って貧乏しよう、と思えるようになりました。
新しい放送局の名は、やはり私たちが一〇〇パーセント出資するわけではないのだからと、無理を言わずに公平に「公募」で合意となりました。

街の人々の気持ちで完成したラルーススタジオ

これでラルースの灯が消えることもなく、そして誰一人切り捨てることなく放送を続けることができます。準備は整いました。

これこそまことに奇跡です。私たち名もない市民集団など「面倒くさいから捨ててしまえ」と思われれば、ジ・エンド。吹けば飛ぶような存在です。ここまで来れたのもみなさんの好意と善意があってこそ。この街の暖かさを心から感じています。

こうして、「西宮コミュニティ放送の一員」としてのスタジオラルースの新たなる旅立ちが始まりました。

タイムテーブルで見る　このころのラルース

fm laLUZ Nishinomiya　　**TIMETABLE** 1997.11 ／ VOL.29

	MON	TUE	WED	THU	FRI	SAT	SUN
11	AM11:15 放送開始 PlazadeCefiro 池田玲子	Port Mother 堅田 昌代	<放送休止> PM12:00 放送開始			AM11:15 放送開始 UP TO YOU 川淵政美・社納薫子	<放送休止> PM12:00 放送開始
	西宮・芦屋情報BOX　~西宮・芦屋の最新情報をお伝えします（12:00-12:15） 光援会／　池田玲子　Patluzia　小宮山敏恵　臼杵良祐　荻野 恵美子　佐々木 美穂 ほか						
12 1	Pastel Light Avenue 濱根 順子	堅田 昌代		東 よしとも	あんてな Step Up Tomorrow 南山 由佳 Sound Shower	TSUTAYA 西宮薬師町店Presents J-Line Best10 樋口 典子	Sunday Jr.Network 濱根 順子 &Jr.Students
2	Afternoon Cruise Massie ●Human Network 押川雅代（At Random）		樋口典子		上山 登 風都 光	Saturday Campus Paradise 藤村 繁之・長中有香子	J-HITS BeatCruising みきともひろ
3	Sound Breeze Café Patie		Hyo-Me	HIROKO	Patie	関西技術コンサルタント Art Network 橋本昭三・半田まゆみ 橋本季架	Sound Novels 中村 美紀 Sound Shower~
4	西宮・芦屋情報BOX　~西宮・芦屋の最新情報をお伝えします（16:45-17:00） 光援会／　池田玲子　Patluzia　小宮山敏恵　臼杵良祐　荻野 恵美子　佐々木 美穂 ほか						
5	Sound Shower~ ● Non stop Special Music selection				情報BOX Porque? 小宮山敏恵	Rasta Miya KAHNA	Mighty MusicMachine （再）
6	今月のおすすめMENU　秋の夜に相応しい選曲で存分にお楽しみ下さい ●Rasta Miya Sat / 5:00~ ●Sinple Night Touring Wed / 8:00~				Mighty MusicMachine John-Dennis	Daddy Zoo アニマル宗城	Parallel World 坂出 達典
7	Gaia の声 米田 和正	Sound Message by BLANTON 中司 雅美	Apple Jam 嶋本 高之	まあるいさんかく やまもとゆうこ 中島和子	日信商事 Weekend Patio 風都 光 & Nao	Yellow Jackets ~Saturday Night Jam NOMIO	Papa's Renaissance 濱口 和房・木村 晴子
	西宮・芦屋情報BOX　~西宮・芦屋の最新情報をお伝えします（19:45-20:00） 光援会／　池田玲子　Patluzia　小宮山敏恵　臼杵良祐　荻野 恵美子　佐々木 美穂 ほか						
8	Travelin' Keiko あずみ けいこ	Field of Dreams office g.love	ZERO'S BAR Sinple Night Touring 藤本 明緒	Joe-Guy Sound Station Massie & Micki	SoulGeneration Sound of WOTOWN Mr.Sawada-Yasu	阪神テレコム K's Bless KO-1	N Wind North <放送休止>

※大雨・洪水警報発令など緊急時には24時間体制で防災放送をお届けします。放送時間・番組内容は予告なく変更する場合があります。

Catch! Our Wave fm laLUZ Usen 440 でも ON AIR! 1-4ch　西宮から明石までの全域にラルースの放送をお届けしています。

☆インターネットでfm laLUZとアクセス!!

（株）西宮エフエム放送

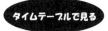

千日目のさくら咲く

三月二十五日、ＦＭラルースとしての最後の夜は、まるで嵐のような一日でした。感傷に浸る間もなく、膨大な準備作業をこなしていきます。ラルーススタジオと、さくらＦＭ本社スタジオを結ぶ専用のデジタル放送回線のチェックや放送のレベル合わせ等、慌ただしい作業が一段落ついたのは、結局二十六日朝五時でした。私自身どれほど大きな感激があるかと思っていましたが、心中は意外なほど静かでした。

静かな朝の光の中、あの日から大きく復興していった街の中を歩いていました。再興された真新しいビルの横を歩いていると、すべてが夢であったよう

さくらＦＭ 西宮で開花
ボランティア放送で好評 三セク局に
緊急時は24時間体制
78.7MH.

平成10年（1998年）1月25日
すてきな"名前"待ってます
「西宮コミュニティ放送」愛称を募集

な不思議な気持ちです。あの地震さえもが。

　街にはいつもの年より早いさくらが咲いてました。ラルースの開局からちょうど千日目の平成十年五月二十六日、「さくらＦＭ」の開局です。街のラジオ局としての役目をバトンタッチする瞬間が近づいてきました。到着したさくらＦＭのピカピカのスタジオには紅白のテープが張られ、今や遅しと開局へのカウントダウンが始まっています。

さくらＦＭ開局の瞬間

　午前七時にさくらＦＭ開局！　待ちに待った瞬間でした。
　街中に電波が届いている。至極当たり前のことなのですが、私たちには不思議なことにさえ思えました。真新しい放送を聞きながら出番を待ちます。
　正午、スタジオラルースからの放送開始。三年間やり続けた作業であり、初めての経験でもある不思議な瞬間。ずっと放送に使い続けた機材は、さくらＦＭ本社のスタジオと比べるとずいぶん見劣りはしますが、私たちには誇り高い物です。

　みんな本当によくがんばりました。事前に「開局には何をやりましょう」という彼らの問いかけに、私は最大限の敬意をもって答えました。

「いつも通りやりましょう」

　新しい局に変わるにともなって私がリクエストしたのはそのことだけでした。

「今まで自分たちがんばってきたことを、そのままやってください」

　そう言いました。

　ラインが切り替わり、スタジオ・ラルースからの放送が始まりました。記念するべき第一曲目は、ジミー・クリフの「You can get it If you really want.」でした。

　　You can get it If you really want.
　　You can get it If you really want.
　　You can get it If you really want.

最新の設備のさくらスタジオ

But you must try, try&try, You'll succeed at last.

緊張はありませんでした。ただ感激はスタッフ全員の胸の内に広がってゆきます。この日を夢見てやってきたのです。この喜びと自信は私たちの胸に永久に刻まれるでしょう。花開くまで千日かかったおそ咲きのさくらは、どこか甘酸っぱい香りがしました。

開局挨拶

午後十一時五十分、開局日放送終了前に、とうとうスタッフに押されてマイクの前に立つこととなりました。

実は私は開局まで、可能な限りマイクの前に立ちたくないと拒みつづけてきました。理由は簡単です。「私が喋るのではなく、みんなを喋らせてあげたい」という思いでラルースを作ったからでした。

「無事開局できたら、喋らせてもらう」

「みんなが喋る場所ができてからじゃないとマイクの前に立つわけにはいかない」

そういえば、みんなにそう言いつづけていました。「無事開局したのだからもういいだろう」というわけです。まったくみんなよく覚えているものです。

イタズラっぽく「どういう形で紹介しましょう?」と問いかけるスタッフに、「さくら

ラルーススタジオの壁への寄せ書き

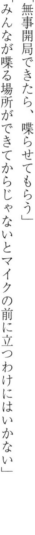

市内から、そして全国から寄せられた「開局おめでとう」メッセージ

ＦＭのプロデューサーの一人」と紹介してくれ、とお願いしました。

改めてスタジオを見渡してみると、スタッフや支援者、誰もがいい顔をしています。本当に素晴らしい人たちに恵まれたものです。

このなかの誰か一人でもいないとラルースは成り立ちません。もしラルースに輝きがあるとすれば彼ら自身の光でしょう。私は眩しい思いで彼らを見つめました。

開局挨拶といっても、私の言いたいことなど、既にすべてスタッフが言ってくれています。もはや私が語ることなどありません。そう思いながら、私たちを応援してくれた街のすべての人々にお礼が言いたい、それだけを考えてマイクの前に立ちました。（以下当日放送原文のまま）

今日、私たちさくらＦＭは最初の小さな花を咲かせました。
でも、その花が咲くためには本当にたくさんの方々の応援がありました。まず、そのことを、リスナーの皆さんに報告しないといけないと思います。
震災以降、本当にたくさんの方々の「私たちの街にラジオ局を作りたい」という思い。そして、それを懸命に支援してくれた地元の企業。それを暖かく見守って、懸命に応援していただいた地元行政。
そういう理想的な美しい生い立ちがあったからこそ、私たちのラジオ局は「さくら」という美しい名前をいただけたのではないかと思います。今まで、応援していただいたすべての方々に感謝します。どうもありがとうございました。
Thank you NIshinomiya's People.
You are kindness.
You are beautiful.
and,You are excellent!
You god a win.
You god a wave.

開局日の夜、私たちの原点・初代ラルーススタジオで乾杯

and,you god a soul!
Broadcast of the people,by the people,for the people.
Forever with you
laLUZ!

注：英文訳

ありがとう、西宮のみなさん
あなたたちは親切で
あなたたちは美しい
そして、あなたたちは最高です
あなたたちは勝利を得ました
あなたたちは電波（放送局）を得ました
そして、あなたたちは魂を得ました
人民の、人民による、人民のための放送
永久にみなさんと一緒です
ラルース（栄光あれ！）

開局日の夜、歓喜のビールかけ。みんなビールが目にしみることを初めて知った

みんなありがとう

私は種火にすぎない。燃えたのはみんなです。私の仕事は小さな光を守りつづけるための灯台守にすぎませんでした。すべてはみなさんの行動あってのことです。私はみなさんを尊敬していますし、感謝しています。

名もない市民の集団でも、本気でやろうと思って力をあわせればこんなに素敵な実を結ぶことができる。そんな土壌のある西宮という街は本当にすばらしい。私はこの街に住み、暮らしていることを誇りに思います。

いま思えば、無謀な戦いだったかもしれません。でもお互いを信じ、助け合い、「この街にラジオ局を作りたい」という一つの目標に向かって、あらゆる職業のお年寄りから子どもまでが、力をあわせてがんばりました。だからこそ起きた奇跡なのでしょう。

初代ラルーススタジオの看板

小さなスタジオです。設備も大したものはありません。でも、私たちにとっては誇り高いスタジオです。

ＦＭラルースタートから一日も空白をあけることなく街に情報を送りつづけ、やっとさくらＦＭにバトンを渡すことができました。そして、私たちはこれからも「さくらＦＭ」の一員として、この街に住む一市民として、街のために情報を発信しつづけていきたいと思っています。

平成７年12月25日、初代スタジオ最終日のドアへ。みんなへのメッセージ

みんなおめでとう
そして
みんなありがとう

近兼拓史

第2章

これがFMラルースだ！

ON AIR マークのついている番組は当時放送中のものです

【地域情報番組】

西宮・芦屋情報ＢＯＸ

ON AIR 月〜木　13:00〜13:05

街のための情報を、街の人自身が伝える。震災で欠乏した地域情報を伝えるという作業はまさにラルースの原点でした。この番組は、今もってラルースの基幹となっています。

【子ども参加番組】

サンデーＪｒ．ネットワーク

ON AIR 日　12:00〜14:00

「街とは、そこに住む人たちのこと」。明日の街を作ってくれるのは子どもたちです。彼らの心の健全な成長なくしては良い街は作れない。冒険ではありましたが，子どもたちの本音を聞ける番組を作りました。

【大学生自主制作番組】

サタデーキャンパスパラダイス

ON AIR 土 14:00〜15:00

文教住宅都市である西宮市内には、約40万人の人口に対し、10もの大学があります。彼らのエネルギーが街の活力になると考え、この番組を作りました。
案外真面目な彼らの一面を見て、少し安心したものです。

【午後の元気啓発番組】

アフタヌーンクルーズ

震災後暗くなりがちだった街の人々に元気を届けようと；有名ＤＪではなく地元の等身大の人気者・Massie、樋口典子、中司雅美を起用。予想どおりの反響で、スタジオに訪れる街の人が急増しました。

サタデーナイトJam

ON AIR 土 21:00〜23:00

あえて言いましょう。車椅子の名ギタリスト・「ＮＯＭＩＯ」氏が、地元の元気づけのためにスタジオでライブオンエアーしてくれました。氏の呼びかけに著名ミュージシャンが大挙スタジオに。どうしてあんな有名人がこんな小さなスタジオに？　と多くの街の人が驚くと同時に勇気づけられました。

【オールレゲエプログラム】

ラスタミーヤ

ON AIR 土 19:00〜20:00

西宮北口より、街の人気者がＤＪを担当。レゲエのことならＫＡＨＮＡの右に出るものはなし。ということで、地元の憧れのお姉さんの声を、みんなに届けました。

ダディー・ズー

ON AIR 土　20:00～21:00

西宮北口の街の人気者がＤＪを担当。地元の若者のスポットを中心に、彼らの遊びの情報や注目のサウンドなどを盛り込みました。

ラバーズ・カフェ

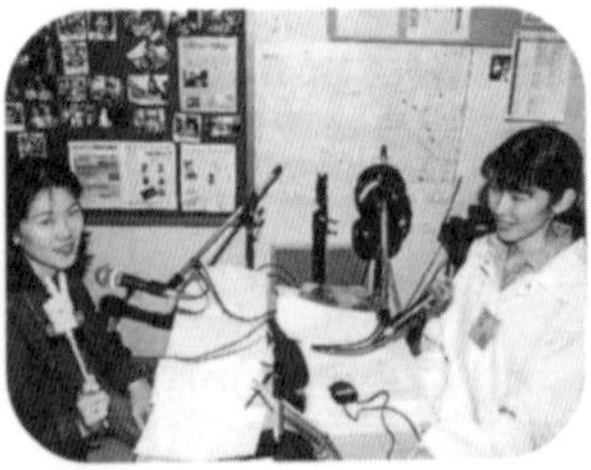

日曜日の午後３時。恋人たちの大切な時間に、阪神間のすてきなお店と、すてきなデザートメニューを紹介しました。

スパークリング・エモーション

週末のイベント情報、遊びのスポット、すべてのレジャーの楽しみかたを提案。人々の気持ちを明るくしました。

ゆうゆうゆう

現役で地元情報誌編集部で働く女性の楽しい本音トーク。ときには仕事にのめりこむキャリアウーマン、ときには家事を手際よく主婦業と、さまざまな場面での彼女たちの素顔がのぞけました。

【ミステリーゾーン】

パラレルワールド

ON AIR 木　22:00〜23:00

毎回ミステリー仕立てで、鈴や木片、ペットボトルに金太鼓など、華麗な鳴り物をかき鳴らして世界各国の民俗音楽、現代音楽を紹介しました。不思議な魅力で、あっという間に人気番組に成長。

【オールイングリッシュプログラム】

マイティミュージックマシーン

地元で英会話教室の講師を勤めるアメリカン・ジョン＆デニスの２人がＤＪを担当。外国人向けのインフォメーションも発信しました。

【ゲストトーク番組】

パパスルネッサンス

がんばるお父さんの復権のための番組。文教都市西宮でいろいろな活動をしている方を毎回お招きして、街中のお父さんが元気になれる話をうかがいました。

【映画紹介番組】

フライデイ・シネマボックス

週末に旬の映画や、それにまつわるエピソード、海外の映画興行ランキングなどをちょっと先取りして紹介しました。

【ゲストトーク番組】

ヒューマンネットワーク

地元でがんばる普通の市民の方にスポットをあてて、紹介しました。毎回お話をうかがうのですが、番組名のとおり、人の輪が広がっていく様子を実感できました。

【地域情報発信番組】

ステップアップトゥモロウ

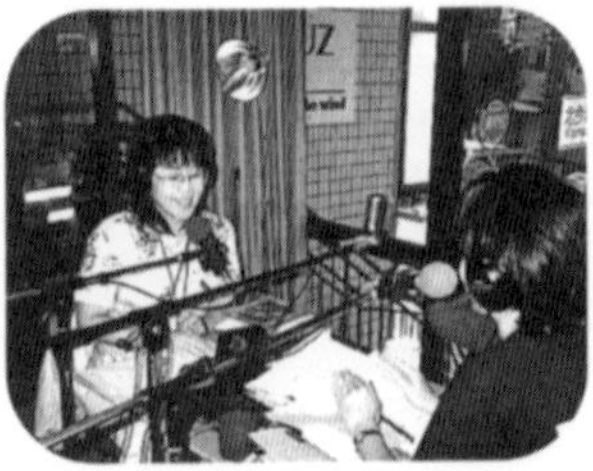

地元地域情報紙編集部より、地域情報、イベント情報など身近な情報を紹介しました。

ウィークエンドパティオ

ON AIR 金　20:30〜21:30

市内に10の大学を持つ西宮。そこでキャンパスライフをおくる女子大生や、ＯＬたちによる等身大トーク。
大学生活お役立ちアイデアや、週末情報を紹介しました。

J-HITS ビートクルージング

ON AIR 日　14:00〜16:00

邦楽を中心に、ビートののったトークと音楽をお届けする、にぎやかなプログラム。

コーヒーミルクパニック

元気印のラルースのアイドルＤＪ・愛ちゃんが、元気に楽しく、ときにはおとぼけトークでリスナーを笑わせてくれました。

【インディーズ音楽番組】

サウンドメッセージ

地元で活躍しているアマチュアミュージシャンを取り上げ、彼らの活動、曲を紹介しました。

がんばろう明日へ

もと歌のお兄さん、お姉さんがＤＪを担当。被災地を元気づけるため、楽しい歌やコーラス、地域イベント情報を紹介しました。

【音楽番組】

Joe-Guy サウンドステーション

アフタヌーンクルーズでおなじみのMassieさんがＤＪを担当。おいしい店などの地域情報を織りまぜながら、いい音だけを選りすぐって紹介しました。

【図書紹介番組】

サウンドノベルズ

ON AIR 日 15:00～15:30

日曜に昼下がりに心地よい音楽とともに、毎回１冊の本を紹介しています。中村美紀のハートフルなトークが街の人たちの心をなごませています。

シンプルナイトツーリング

ON AIR 月 22:00～23:00

地元の情報と、時事放談。ちょっとおシャレなお酒の話も紹介する、ダンディーな兄貴・藤本明緒のお届けするプログラム。

K's ブレス

週末の息抜き空間。KO－1がお届けするサウンドと空間。ラルース一週間の締めくくり番組でもありました。

【音楽チャートカウントダウン番組】

J－ラインベスト10

ON AIR 土　12:00～14:00

「ＴＳＵＴＡＹＡ西宮薬師町店」の１週間のＣＤレンタルチャートと、さまざまなCD、ビデオ情報を紹介しているカウントダウンプログラム。

【ソウルミュージックプログラム】

サウンド・オブ・ウォータウン

ON AIR 金　19:00〜20:30

フライデーナイトをファンキーに演出するオールソウルミュージックプログラム。軽快なシャベリと、西日本一と言われる音の層の厚さは圧巻。

【ゲストトーク番組】

アップ・トゥ・ユー

ON AIR 火　15:15〜16:00

30代の働く女性を応援するトーク番組。仕事、子育て、主婦業を離れ、ちょっと自分を振り返ってもらって、がんばる女性を紹介している

【ゲストトーク番組】

アート・ネット・ワーク

ON AIR 土　15:00~16:00

現代美術の巨匠・嶋本昭三氏が各方面で活躍しているアーティスト、著名人をゲストに迎えるトーク番組。半田まゆみ氏のＨＣＣトークや嶋本英美氏のコーラス、嶋本晃氏のオペラと、阪神間の文化レベルの高さを実感できる番組。

プラザ・デ・セフィーロ

月曜の始まりを、理想のお母さん・池田玲子がさわやかにお届けするお役立ち情報番組。

【新譜音楽番組】

パステル・ライト・アヴェニュー

昼下がりをニューリリースサウンドとともにさわやかなトークでつづるプログラム。個性豊かな女の子たちが元気にお届けしました。

【リラクゼーションプログラム】

サウンド・ブリーズ・カフェ

ON AIR 月〜木　14:15〜15:15

ティータイムのひととき、１杯のお茶と心地よい音楽でのリラクゼーションタイムをお届けするプログラム。

【旅行記紹介番組】

トラベリン・ケイコ

浪速の歌姫、本物を歌うミュージシャン「あずみけいこ」の、旅と音楽を紹介するプログラム。

【ファンキー・エディー】

ラジオフリークス

ラジオ好きのファンキーDJがトークと音楽、ミニライブ演奏をお届けするプログラム。

【地域情報番組】

情報ボックス・ポルケ

この1週間、情報ボックスで取り上げた話題をさらに掘り下げて、ピックアップするワイド情報番組。

まあるいさんかく

ON AIR 木　15:15〜16:00

地元のママさんたちが趣味のサークルインフォメーションやイベント情報を紹介する、主婦の味方のトーク&音楽番組

N－ウインド

ON AIR 水　22:00〜23:00

1週間の自分の行動を通して、思春期の多感な子どもたちの、人には言えないシャイな悩みに答えます。自らの経験になぞらえ、気取らず自然体で接するプログラム。

【スポーツ番組（野球）】

フィールド・オブ・ドリームス

ON AIR 月　20:30〜21:30

阪神タイガース、オリックスブルーウェーブのＯＢ選手を中心にプロ野球の楽しい話題、試合結果や内緒の裏話などを紹介する、阪神間ならではのスポーツ番組。

【子ども向け図書紹介番組】

ポートマザー

小さなお子さんを持つお母さんに、子ども向けの絵本などを朗読、紹介しました。

ガイアの声

ON AIR 月 15:15～16:00

地元の幼稚園「みんな元気ジム」の歌のお兄さんが、環境の話題や地域の話題をときにはゲストを迎えてお届けする社会派トーク番組。

【お昼の情報・バラエティー番組】

街角ラジオ西宮 Part 1

ON AIR 月～木　12:00～13:30

地元の主婦がメインパーソナリティーをつとめる、にぎやかな地域密着情報バラエティー番組。

街角ラジオ西宮 Part2

ON AIR 月～木　13:30~14:45

ランチタイムのあとに、さわやかな音楽とともにお送りするバラエティ情報プログラム。写真は街角ラジオ西宮Ｐａｒｔ１のＤＪ・池田玲子さんも一緒。

アップル・Jam

西宮出身の世界のトランペッター・嶋本高之がジャズの世界を案内するプログラム。

【ゲストトーク番組】

サーティズ・セッション

ON AIR 水　15:15〜16:00

「30代をよりよく過ごそう」をキーワードに、各方面で活躍している現役30代、または活躍された先輩方をゲストに迎え、トークセッションするプログラム。

【週末バラエティー番組】

マジカル・フライデー

ON AIR 金　12:00〜14:00

おもしろトークが満載。東よしともが振りまく元気パワー。誰でも幸せになれる週末バラエティプログラム。

サウンド・プロムナード

ON AIR 金　14:00〜16:00

週末の昼下がりにゆったりした雰囲気と音楽をお届けする、リラックスプログラム。

【ラジオドラマ】

スケルシードンジェロ（天使の悪戯）

ON AIR 日　13:00〜13:30

毎回、阪神間の日常をテーマにお届けする楽しいラジオドラマのショートプログラム。

【スポーツ・音楽番組】

ザ・グルービンエクスプレス

ON AIR 月〜木　19:00~20:30

西宮全域とＵＳＡの情報を盛り込んだ、ミュージシャン・Massieによる、阪神発世界へのワールドワイドなスポーツ情報・音楽番組

ブリリアン・ナイト

ON AIR 月〜金　21:30〜22:00

仕事を終えた夜のひとときき、昼の忙しさを忘れてほっと一息つけるサウンドをお送りする、ナイトミュージックプログラム。

ティーンズ・ビート

ON AIR 火　20:30〜21:30

中高生のリスナーから寄せられた勉強や恋、友達や進路の悩みに、３人のお姉さんがときには楽しく、ときにはまじめに答える双方向プログラム。

ソレイ・ド・ヌイット

ON AIR 火　22:00〜23:00

ミュージシャン・あずみけいこの旅と音楽を紹介するプログラム。コーナーで登場するフランス人「パットくん」とのおもしろトークも必聴。

ビー・ウィズ・ユー

ON AIR 水　20:30〜21:30

中高生のさまざまな悩み相談にのったり、彼らの流行を分析したり、優しいお姉さん・吉元かりんの自然体プログラム。

【インディーズ音楽番組】

夢で見た道

ON AIR 木　20:30〜21:30

「サウンドメッセージ」をリニューアルした、アマチュアミュージシャンを応援するプログラム。毎回ゲストを迎え、彼らの活動、音楽を紹介している。

ルナティック・ダンス

ON AIR 金　22:00〜23:00

クルマ、バイクからアニメまで、男のホビー全般を取り上げて、コアなところまで紹介するマニアックなプログラム。

【地域情報番組】

週末情報ボックス

ON AIR 土 18:00〜18:50

今から迎える週末の情報と、街のタイムリーな姿を紹介する、使える情報番組。

【地域スポーツ・情報番組】

西宮クールビート

ON AIR 日 18:00〜18:50

西宮のアマチュアスポーツプロスポーツやイベント情報を楽しいトークと軽快な音楽を織りまぜて紹介するプログラム。

サンデー・ブルーバード

ON AIR 日　19:00〜21:00

これから始まる一週間に向けて、西宮の街の身近な話題や、情報を盛りだくさんに、のんびりと日曜の夜を過ごすプログラム。

真也のミステリーナイト

ON AIR 水　22:30〜22:40

日々の生活のなか、ふとしたときにはまってしまう不思議な世界。そんな不思議な世界を不思議な三田真也が案内する、不思議なプログラム。

第3章

FMラルースへの声

さくらＦＭ開局に寄せて

全国コミュニティ放送協議会会長　木村太郎

プロフィール●1938年アメリカ生まれ。64年、ＮＨＫに入社、報道局社会部記者として各国で活躍。82年に帰国し、「ニュースセンター９時」のキャスターに就任。その後番組終了とともにＮＨＫを退社し、木村太郎事務所を設立、フリーとして新しいスタートを切った。93年、葉山コミュニティ放送（株）（現在逗子・葉山コミュニティ放送に改称）を設立。

平成十年三月二十六日に、全国のコミュニティ放送局のなかで八十九番目に誕生した、西宮コミュニティＦＭ放送株式会社（さくらＦＭ）。

平成七年一月に発生した阪神・淡路大震災において、私たちは、実に多くのことを学び、また、今後に生かすための方法を模索しはじめました。

そのひとつに災害時において、情報がいかに重要であるかということがあります。ガス、電気、水道にならび情報もライフラインであるということも言われるようになりました。地域に密着した情報は、地域の方々にしか創り得ないと思います。

さらに、私は地域に密着することによってのみ、新しい情報メディアが構築されるのではないかと感じています。

震災後にとても多くのコミュニティ放送局が誕生した、その根底に流れる気持ちは、みんな一緒であると考えています。

しかしながら、一朝一夕に新しい地域情報メディアが生まれるわけがありません。それは、「さくらFM」が誕生するまでに、実に三年の月日が流れたことにも象徴されています。コミュニティ放送局が地域にとって必要であることはわかっても、実際に運営することにおいては、迷いや将来に対する不安など、いろいろな困難があっただろうと想像します。

それら一つ一つを克服し、こんにちの「さくらFM」があるわけですが、困難を克服するには、夢と情熱と知恵という力がなければならないことから、「さくらFM」を実現のものとされたたくさんの方々の努力には、心より敬意を表します。

ただ、すべてはこれからです。西宮市において「さくらFM」がコミュニティ放送局として真の力を発揮されるようになるまでには、生まれるとき以上の困難もあることと思います。それらの困難にもこれまで通りに、夢と情熱と知恵で乗り越えられていくことでしょう。

コミュニティ放送局は、地方の方々に育ててもらう放送局です。ラルースのみなさん、これからも「さくらＦＭ」とともにがんばってください。全国のコミュニティ放送局も応援しておりますし、期待しております。

これからも
ボランティアスタッフのご活躍を

大関株式会社代表取締役　長部文治郎

プロフィール●1951年神戸経済大学経済学部卒業、同年（株）長部文治郎商店入社。66年には同社代表取締役社長に就任、11代長部文治郎を襲名。55年以来、数多くの公職を務め、85年西宮商工会議所会頭に就任。95年６月、兵庫県商工会議所連合会副会頭に就任。

このたびの上梓、まことにおめでとうございます。海外では既にボランティア活動はあらゆるところで定着し、社会にも大きな貢献を致しておりますが、残念ながらわが国では一部のボランティア活動はありますが、大きな活動の域には達しておりませんでした。

ボランティアとは多少趣が異なりますが、昔からわが国には報恩奉仕の精神が培われていました。しかし、最近ではその精神も希薄になりつつあります。

しかし平成七年一月十七日、未曾有の阪神・淡路大震災を機に、また近いところでは昨年の日本海でのロシアタンカー「ナホトカ」の重油流出事故にもボランティア活動が大きく報道され、遅ればせながらこの国にも定着しつつあります。

ラルースの近兼社長自身も震災の激震地・神戸の長田で自宅が損壊する被害を受けながら、震災情報を数百メートルの範囲しか届かないミニFM局を通じて、被災者を守るべく奔走したのです。最初は西宮北口で、それからJR西宮付近で小さな部屋を借り、ボランティアスタッフを募って活動され、現在の西宮津門スタジオをかまえておられますが、「私たちの街にラジオ局を」を旗印に、まさに寝食を忘れ、努力されていました。

ボランティア活動はチームワークが大事なのですが、ラルースは結成して既に三年になろうとしています。これはきっと放送を通じて奉仕の心がスタッフ全員の輪になって、こんにちに至っているのでしょう。

ところで最近では西宮にもボランティアの受け手と働き手をとりもつ「西宮学生ボランティア交流センター」が設立され、大変多忙を極めているようです。

私の個人的な見解ですが、西宮もこれからますます住みよい街になっていくだろうと楽しみにしています。

さて、伊丹、尼崎に続いて西宮にも本年三月、コミュニティ放送「さくらFM」が開局し、その番組制作をラルースが半分になっておられるようですが、日頃のスタッフのフットワークを活かし、地域情報を中心に立派な番組を制作、提供いただけますようお願いいいたします。

かつてない厳しい経済環境に直面しておりますが、二十一世紀に向かってますますのご活躍を期待いたします。

ますますのご活躍、ご発展を心からお祈り申し上げます

西宮コミュニティ放送株式会社代表取締役
生田昌澄

プロフィール●1932年兵庫県宝塚市生まれ。53年に西宮市教育委員会入所。その後、西宮市民会館長、西宮市市長室長などを歴任する。

西宮コミュニティ放送は、市や商工会議所など五十五団体の参画、出資をいただいて、平成十年二月に設立、三月二十六日から待望の本放送を開始しました。

愛称も市民公募により「さくらＦＭ」と決まり、四十万西宮市民をはじめ、周辺の方々も対象リスナーとして、通常は毎日朝七時から夜十一時まで放送しておりますが、非常緊急の際には終日、二十四時間放送を行ないます。

この放送局は、あの痛ましい阪神・淡路大震災で、きめの細かな地域の情報が不足していたことを教訓として、災害時のもっとも有効な広告媒体として設立準備が進められていました。特に震災のあの大きな混乱のとき、みずから率先してボランティアスタッ

フを編成され、その若き情熱とたぐいなき行動力をもって活動を展開されたラルースの近兼拓史氏もご助力を賜り、ここに全市民総参加型の西宮コミュニティ放送局が誕生いたしました。

社名も「西宮コミュニティ放送」とありますように、名実ともにふるさと西宮の地域FM放送局を目指しておりますが、市民のニーズに沿ってきめ細かな情報を番組に盛り込み、編成するためには市民の方々のご協力が不可欠要件となります。

番組審議会や市民モニターなど、多くの識者やリスナーのご意見を尊重しつつ、FM放送に適した音楽番組ばかりでなく、大学も十を数える文教都市西宮にふさわしい言論報道機関として、出力一〇ワットであっても、子どもからお年寄りまで、各年代層の市民に参加していただき、聴いていただける内容の番組を制作していきたいと思っています。

その意味でも、番組制作の面で何かとご尽力を賜っております、ラルースさんのこれからのご活躍に大きな期待を寄せるものであります。

これまでの輝かしいご活躍の記録として、このたび素晴らしい本が上梓、出版されると聞き、まことに僭越とは存じますが、拙文を書かせていただきました。
今後、ますますのご活躍、ご発展を心からお祈り申し上げげます。

カゼは大病のもと。気をつけやー

TMファクトリー
スタジオミュージシャン&プロデューサー　白井NOMIO宏昌

プロフィール●19歳にして上田正樹氏にギタリストとしての才能を認められ、尾崎亜美のサポートギタリストとしてプロの世界に足を踏み入れる。松任谷正隆氏を師とし、数多くのアーティストのサポートギタリスト、アレンジャーとしてその地位を築くが、32歳のとき、不慮の事故で下半身不随となる。永い闘病生活の後、奇跡的に芸能界に復帰、現在FMDJ、テレビなどでマルチに活躍中。

三年前、悪夢の一月十七日から半年にわたった桑名正博氏との大ボランティア救援活動にようやく終止符がつきはじめた頃、一本の電話が鳴った。

受話器の向こうは、親友で同業者の増田俊郎氏であった。内容は「何やら西宮でラジオ局を作ろうとしている若い子がおるらしい。NOMIO手伝うたってくれへんか」というものだった。

実は私はその時期、前述した桑名氏との活動のなかで、真のボランティアとは一体どうあるべきなのかと試行錯誤していたのとともに、自分のこれからの生活の不安と戸惑いの渦中にいたというのが事実であった。

「こんなときにラジオ局の話など……」

だが、そこには断りきれなかった一つのエピソードがある。今だからこそ話せる話だが、当時増田俊郎氏はガンという大病と闘っていたのだ。

「よしまかしとけ。増田のかわりに一肌脱ごう」

と男気を出してしまった。

だが本音は「ボランティアされるのは俺のほうやないかい。車椅子に乗って激痛と闘っている俺が何でこんなことせなあかんねん」というものだった。まあバイオリズムというか、そのときの俺にはもう何も捨てるものがなかったので、やれるだけやってみようと決心したのかもしれない。それと、もちろん何より増田のためにもだ。

それからというものは、毎週毎週ライブハウスも経営する俺にとって、一番忙しい土曜の夜をラルースに費やし、あっという間に三年。そしてこの三年、何が起こり何が変わったのか、私に答えなど出しようがない。

というのもアマチュア意識の抜けきれない局への腹立ちや、また、そのなかで働くボランティアスタッフとやらの正体がつかめず、幾度となくその体制に疑問を感じ、番組出演を辞退する方向に傾倒したことがあったからだ。

そのたびに「今やめてはいけない。元気になった増田の音楽活動を見届けるまでは意地でも続けてやる」という一種の執念みたいなものが、自分のなかでうごめいていたのかもしれない。

ボランティアと言われているスタッフ諸君、誰かのため、何かのためにではなく、自らのための行動であれ。そして自分の生き方を見つめ直していってほしいと思う。それによって、初めて西宮という街に大きなエネルギーが発生し、この局から偉大なカルチャームーブメントが起こるだろうことを信じているからである。

最初のエリア百メートルの頃にくらべれば、免許がおりる局になったことは、少しは評価してやろう。でもスタッフ諸君よ、今のレベルの苦労など、微熱や鼻風邪程度のもの、俺とか増田にはほどほど遠い、薬を飲めば治るレベルだぜ。

近兼くんに名医になってもらい、処方してもらえば死ぬことはまずあり得ないだろうと思う。そして最後にエールをおくらせてもらう。カゼは大病のもと。気をつけやー。

ところで、最近番組やるのがおもしろーてなぁ、しょーもないレコーディングやったらラジオのほうとるわ。
P・S　近兼、相変わらず毒舌でスマンのー。適当に文章やわらかくしといてくれ。
（原文のまま）

You can get it if you really want.

ジャズトランペッター　嶋本　高之

プロフィール●1964年、前衛芸術家嶋本昭三の長男として、兵庫県西宮市に生まれる。相愛大学音楽部に入学。88年に渡米するまで、名門「北野タダオとアロー・ジャズ・オーケストラ」に所属、渡米後ロングアイランド大学ジャズ・パフォーマンス科に入学、首席で卒業。現在ニューヨークに拠点を置き、自己のグループ活動の傍ら、母校ロングアイランド大学で教鞭を取る。

朝から晩までラップの局、いつかけてもジャズばかりの局、天気予報が知りたいのならこの局、スペイン語の放送局……あげればきりがないほど、コンマ単位でものすごい数の局がひしめき合っている。もちろんこれはニューヨークでの話であるが、それぞれの局が明確にコンセプトを打ち出している。

初めてラルースのコンセプト、阪神間発で文化、情報を世界中に飛ばすと聞いて、おったまげた。またまた夢物語をと思っている矢先に、周波数決定、開局と着実に進んでいるではないか。

確かに阪神間はそういった意味で文化の宝庫である。がしかし、まだまだ意識が欧米に比べて極端に低く感じる。もっともっと電波を使って意識革命に取り組んでほしい。子どもから、学生、ＯＬ、社会人、主婦、おじいちゃん、おばあちゃんまで、音楽や美術、文学などがかけがえのない財産であることを認識させられるはずである。そうして初めて、世界が求める文化、情報が発信できるＦＭ局ができると思う。円の強さに物を言わせて、世界中の不動産や美術品を買いあさるようなことではあってはならない。

混沌とした中世ヨーロッパ、七〇年代のアメリカと、不安定な世の中には必ずいい物が生まれる。阪神大震災を経験した者でなくては感じ得なかったことが、この地域独特の文化ではなかろうか。必ずすばらしい物が生まれてくるはずである、いや、もうあるかもしれない。ただそのすばらしい物を埋もれさせないためにも、ラルースの役目は大きいと思う。

十年後、二十年後に周波数を合わせたとき、どんな声が飛び込んでくるか、どんな音に巡り会えるか、楽しみである。

You can get it if you really want.

※文頭の写真は、ラルースに捧げた曲を収録したCD「ジャイアントステップス／嶋本高之」（King Record／定価二八五四円）のジャケット写真です。

震災で出会ったラジオ仲間「ラルース」

FMわぃわぃ運営委員　日比野純一

プロフィール●1962年東京都生まれ。新聞記者を経て、阪神淡路大震災直後にボランティアとして神戸市長田区に。被災ベトナム人救援連絡会、外国人救援ネットメンバーとしてFMユーメン、FMわぃわぃの発足に参画。初代チーフプロデューサーに就任。七ヶ月間のユーラシア大陸横断特派員の後、現在FMわぃわぃ取締役運営委員として活動中。

私たちが瓦礫と化した神戸・長田のカトリック鷹取教会の一角から海賊ラジオ放送を開始したのは、平成七年四月のことでした。私たちは無鉄砲そのもので、ラジオのことなどまったくといっていいほど知識がなく、ただ震災を生き抜いていくうえでもっとも大切な情報を得ることができない外国人住民に、来る日も来る日も震災情報を流しつづけていました。

確か七年の五月頃ではなかったかと記憶していますが、ある午後、近兼さんが、突然私たちの放送スタジオ（と言っても六畳ほどのプレハブであるが）にやってきました。神戸新聞を読んで西宮にラジオ局設立に向け動いているグループがあることは知っていましたが、長田から西宮に出向く余裕など、当時の私たちにはありませんでした。近兼さんは、私たち素人には及びもしない知識を備えていて、感心する一方であったことを今でもよく覚えています。

ともかくそれを機につながりが生まれ、私も何度か西宮のスタジオを訪れて、局の運営、機材、免許取得などについて意見交換をしました。ほとんど教えてもらうことのほうが多かったことを、これまた記憶しています。

私たちは、いくつかの幸運にも恵まれ、震災一年後の平成八年一月十七日に兵庫県内初のコミュニティ放送局「ＦＭわぃわぃ」として新しいスタートを切りましたが、震災以降、同じ目的に向かって走ってきたラルースのことは常に気になっていました。

震災救助・復興の場面でラルースのスタッフが果たした役割の大きさを私は長田から見てきたつもりです。電波を流せなかった辛い期間を乗り越え、この三月から西宮及び周辺地域にスタッフの声を届けることができるようになったことを、私は「同志」として大変喜んでいます。

ＦＭわぃわぃの次に思い入れがある、ラルースの今後が楽しみです。

イチャリバチョーデー、ヌーヒダティヌアガ

FMチャンプラ放送制作部　比嘉　健

ステーションプロフィール
●FMチャンプラは1997年3月1日開局。沖縄本島の中部広域をカバーする。放送局というよりも、イベント仕掛け集団のような変わったカラーを持つコミュニティ放送局。

「イチョリバチョーデー」という言葉をみなさんご存じでしょうか？　沖縄の方言なのですが、ことわざでは続けて次のようになります。

「イチョリバチョーデー、ヌーヒダティヌアガ」

「行きあえば兄弟、何の隔てがあるのか」との意味です。つまり道ですれ違い、言葉を交わす縁でもあれば、それはもう兄弟のようなものだ、という感じですね（南風社『沖縄おもしろ方言辞典』より）。

平成四年の暮れに第一局目のコミュニティFMが誕生し、早くも平成十年六月には百一局目が誕生します。もちろん地方があえいでいる時期だからこそ、この急速な開局の

動きがあったわけですが、それに追い風として吹き抜けたのが忘れてはならない阪神大震災でした。コミュニティFMの重要性を認識させたのがくしくもこの天災だったことは、私たち携わる者にとっては最大の悲しみです。

しかしその後、ラルースのみなさんの活動は逆に最大の喜びとして私は受けとめています。

遠く海を隔てた沖縄という土地から、さまざまなメディアを通して見守ってきました。阪神地区にはたくさんの沖縄人がいるので、地元新聞二紙も安否、生活状況などを報道していました。

そこから伝わってくる情報は、震災直後からしばらくは暗く、しかしこれが日を追うごとに、少しずつではありましたが、明るいニュースに変わってきたのを覚えています。そしてその報道のなかで非常に感じたのが、冒頭にあげた「イチャリバチョーデー」という言葉だったのです。この力が今の阪神地区の復興を作り出したと言っても過言ではないでしょう。

実は私たちコミュニティFM局もこの「イチャリバチョーデー」の上に成り立ってい

るのです。それが一番表れているのがボランティアスタッフの存在です。ＦＭチャンプラでは「ティガニーサー」と呼ばれています。全国どのコミュニティＦＭ局もボランティアなしでは成り立ちません。最近はボランティアの方々が仕切っている局もあるという話を耳にします。まさしくボランティア（市民）のみなさんが作り出す番組、というわけです。

「イチャリバチョーデー」、この気持ちを忘れずに、もっともっと、たくさんの市民みんなのコミュニティＦＭ局として、ラルースのみなさんとともにがんばろうではありませんか！

非常時にも信頼される放送を目指して

湘南ビーチＦＭスタッフ
エミリー・ヴァンニューウエルブルグ

ステーションプロフィール
●湘南ビーチＦＭは、逗子、葉山に吹く風が心地よく、視覚的にも優しいように、耳に心地よく優しい「海のそよ風・SEA BREEZE RADIO」のような放送をめざす。さらに、インターネットで湘南ブランドを世界に発信するなど、意欲的である。

私が、この湘南ビーチＦＭ（逗子・葉山コミュニティ放送局）にひかれてここで仕事をしてみたいと思った理由は、いつも流れてくるアナウンサーのさわやかな明るい声で、沈みがちな気持ちが元気づけられたり、あわただしい午後の一時、心地よい音楽でほっと一息ついたり、日々の生活のなかにゆとりとくつろぎを何度なく味わったからです。もし自分が、逆の立場で同じように人々に電波を通して元気をわけたり、安らぎを与えられたら、どんなにすばらしいことだろうと思ったのがきっかけでした。

しかし、私は阪神・淡路大震災という非常時での放送を体験された方々のことを知ったとき、平手打ちをされたようなショックを覚えました。甘かったと思う反面、身の引き締まる思いでした。もし私がそのとき、その場にいたら……。まずは自分の家族のことしか考えられなかったのではないか。自分の仕事を責務としてやれただろうか。そう思いました。

また、ラルースの方々のことを知り、本当のボランティア精神を見たような気がします。心にゆとりがあり、時間的にも余裕ができて、じゃ人のためにできることは何かしら、と考えるのは私だけでしょうか。自分も含めてすべての人に、パニック状態にあるときでも自分に何ができるかを考え、自発的に行動された方が実際にいらっしゃるということを深く胸に刻み込んでほしいと思います。

これからは、楽しいときだけではなく、非常時にも信頼され、耳を傾けていただける放送ができるように、日々心がけ、努力していきたいと思っております。

旧版あとがき

いま私のまわりにいるスタッフをしみじみと見渡してみますと、改めてその多種多様な職種、人種や年齢の幅に驚かされます。主婦、会社員、公務員、学生、ミュージシャン、大学教授、フリーター。お国もアメリカ、イギリス、フランス、韓国、ペルー、アルゼンチン、エクアドル、ブラジル、ニュージーランド、インド、スペイン、フィンランド、ｅｔｃ、とにかくきりがありません。年齢も上は八十歳以上から下は七歳まで、スタジオに赤ちゃんがいる日もよくあります。「もしラルースがなければ絶対知り合うことはなかった」と断言する彼らの言葉もわかる気がします。

毎日スタジオに出入りする人数は、平均二百人以上。朝から晩まで、わいわいがやがや。ラジオ局を「ステーション」という呼び方で表現することがありますが、英語では「集い所」という意味もあります。その意味ではここはまさにステーションなのでしょう。

一つの物を生むためには何かを失うことがあります。私にとってラルースを生むために失った物も多かったのも事実です。しかし彼らの楽しそうな姿を見ていると「まあいいか」と思ってしまいます。

ところで、このFMラルースができるまで、スタッフのみんなにとっては九百九十九日間ですが、実は関係者にとってはもっと長い、私にとっても千二百日以上の活動がありました。

その間、市役所の方々や関係者の方々の多くのご協力、ご尽力があったことをお知らせしなければなりません。例えば千二百日の長きの間に、市役所の担当者は三度変わられました。S氏は穏やかで親切な方でした。A氏はシャープな行動力で、「西宮コミュニティ放送準備会」を進められていきました。K氏は情熱的に生みの苦しみを乗り越えられました。U氏にはご多忙にもかかわらず大役をお引き受け願うことになりました。どの方もお話しするたびに、いつも「がんばってください」と、声をかけてくださいました。この言葉にどれほど励まされたかしれません。

商工会議所の方々も支援企業の方々もそうです。表面には出ませんが、本当に多くのご支援、ご協力がありました。

そう考えると、千日目の奇跡は、この街に起こるべくして起こったと言えるのかもしれません。このことをご自分で口を開かれない陰の功労者のためにもぜひ、みなさまにお知らせしたいと思いました。本当にありがとうございます。

さて、お買いあげいただいた読者のみなさん、最後までおつきあいくださってありがとうございます。

でもどうです、ラジオってけっこういいものでしょう。もしこの本を読んで、「よし！　わが街にもラジオ局を作りたい。一度スタジオをのぞいてみたい」という方がおられましたら、ラルースまでお便りください。私たちはいつでもみなさんを歓迎します。

平成十年七月七日

すべての人に感謝を込めて

近兼拓史

みなさん、お世話になりました！

〜ラルース・999日間のおもな参加者〜

島村瑞穂
島村耕一郎
嶋本昭三
嶋本英美
嶋本高之
嶋本晃
社納葉子
ＳＨＵ
Ｊｏｈｎ
新家　寛
杉森裕子
瀬林宏規
園田良子
ＳＯＲＡ
高下有加
高橋正平
高橋伸之
武田有希子
武地秀実
岳原　遊
田所恵美
田中聖子
田中友美
谷　美恵子
谷口志那子
田原恵美
近兼拓史
津野健司
Ｄｅｎｎｉｓ
出店伸夫
大森新也
荻野恵美子
ＯＫＥＲＡ
押川雅代
小野佐知子
ＫＡＨＮＡ
堅田昌代
兼子扶美奈
鎌田佐智子
川口　勇
川瀬政美
川瀬峰人
河野仁美
川村利沙
管野未奈子
神林正樹
岸　聖子
木村晴子
木村美紀
五代友則
小宮山敏恵
近藤奈津子
坂出達典
栄　優
佐々木美穂
佐本　淳
沢村未来
篠崎由果
篠原正寛
渋谷久美
青木久茂
赤川浩二
東よしとも
あずみけいこ
アニマル宗城
阿部直子
天野秀哉
荒谷弥生
いいの恵子
池田玲子
池田麻里
池田麻里
石原志乃
井手夏絵
伊藤文隆
伊藤　舞
ＩＮＡＺＯ！
岩淵拓郎
上田司郎
上野賢一
上山　登
臼杵良祐
内山真理子
宇津弥生
Ｅｄｄｉｅ
榎本大祐
遠藤豊和
遠藤康人
大江大介
大村あつし

安井英樹
矢田貝充彦
山内孝一郎
山沖之彦
山川拓郎
山崎知子
山城葉子
山田素子
山中啓子
藪中有香子
山本　愛
山本真理
山本祥太郎
山本愛美
山本ゆうこ
由留部紘子
横井正裕
横山優子
吉川　幸
吉沢奈央
吉元かりん
米田和正
龍野真樹
和田　淳
和田佳薫
和田　敬
渡辺　泉
和平裕嗣
渡利雅之

SPECIAL
THANKS!

西宮公同教会

半田まゆみ
樋口典子
日比秀一
平岡まり
平野恵里奈
平野里英
平山容子
ＨＩＲＯＫＯ
兵藤みゆき
福井　有
福嶋誠司
福原香織
藤田　学
藤本明緒
保城和弘
ボビー・ヒル
堀場　光
Ｍａｓｓｉｅ
正岡多鶴子
松尾吉子
松丸大紀
真鍋　愛
みきともひろ
Ｍｒ．ＳＡＷＡＤＡ
Ｍｉｃｋ
ＭＩＮＡＭＩ
南山由佳
峰岸　淳
宮川一郎
ムーミン
Ｍｅｉ
森　祥太郎
森本貴之
ＹＡＳＵ

土井成三
東村洋子
通山かずひろ
ＮＡＯ
長井祥和
永井やすか
中島和子
永田早紀
中田良弘
中谷清香
中司雅美
中野真実
中村浩子
中村恒康
中村美紀
中村麻希
中山けいこ
中山真希
西川綾奈
西山うらん
二宮由紀子
野添康一郎
野田まりこ
ＮＯＭＩＯ
長谷川亭遊笑
長谷部奈穂美
畑　匡行
パトリック・リモンド
浜平恭子
濱口和則
濱根順子
原田美樹
早川久美子
播　征幸

スズキ（株）
シャープ（株）
（株）リコー
ソニー（株）
（株）KENWOOD
（株）セガエンタープライゼズ
（株）アドニス電機
タナックス（株）
Office g-love
（株）メディアフォーラム
プラネット・パブリックリレーションズ
ハウス食品（株）
山本光学（株）
J camp Centre（株）
森永製菓（株）
岩谷産業（株）
（株）十和田技研
（株）日建
マツダ（株）
万和商事（株）
エンペックス気象計（株）
Wakto CORP
ミシュランオカモトタイヤ（株）
大日本除虫菊（株）
（株）キャットアイ
（株）フォレスト
イシイモーターサイクル
神戸アートビレッジセンター
（株）フェリシモ
ＮＯＲＡ
カワサキモータースジャパン
（株）ＲＳタイチ
（株）ショウエイ
（株）明響社
（有）月木レーシング
深町　純
大関（株）
Ninnja OWNER'S CLUB
VASP BRAZILE AIRLINES
アート村ＫＯＢＥ
ＦＭ小樽
ＦＭいるか
ステーションガイア
かまくらＦＭ
湘南ビーチＦＭ
ラジオ金沢
ＦＭ伏見
ＦＭうじ
ＦＭ－ＨＡＮＡＫＯ
Ｔａｋｋｙ８１６
ＦＭあいあい
ＦＭわぃわぃ
ＦＭＭｏｏｖ
ＦＭチャンプラ
ふるふる
ル・ガラージュ
Kobe GT Roman
ラスタフェ
Ｄａｄｄｙ　Ｄｏ
メタモルフォーゼ
増田俊郎
イエロージャケッツ
えるえる
Ｊｏｅ－ｇｕｙ
ＺＥＲＯ’Ｓ　ＢＡＲ
桜井文具店
ＳＨＩＯＳＡＩ
風
サンケイリビング
あんてな
お好み焼きともる
みんなげんきジム
ブラントン
（株）ＪＩＢ
ＮＶＮＡＤ
（旧ＮＶＮ）
谷美恵子税理士事務所
日信商事（株）
ＴＳＵＴＡＹＡ西宮薬師町店
学校法人大手前女学院
アートスペースＨＥＡＲＴ
（株）甲子屋～阪神テレコム
ソウルジェネレーション
（株）関西技術コンサルタント
（有）大倉商事
フェニックスプラザ

経　歴

平成6年11月
　西宮FM推進協議会設立
平成7年1月
　阪神淡路大震災発生
平成7年5月
　同協議会が見えるラジオにて「西宮復興ニュース」を開始
平成7年7月
　fm laLUZ開局　FM放送開始
平成7年9月
　防災訓練放送「ラサーチ56」（ラルースセイフティーチャレンジ56時間）をオンエア
平成7年12月
　クリスマス特別企画・プリメーラ・ナヴィダ・デ・ラ・ルース、第1回光のクリスマスを開催
平成8年1月
「117・防災訓練放送＜官民一体の防災シュミレーション＞」をオンエア
平成8年5月
　株式会社西宮エフエム放送設立　放送エリア拡大
平成8年7月
　インターネットのホームページを開設
平成8年9月
　防災訓練放送「ラサーチ56・2nd」（ラルースセイフティーチャレンジ56時間）をオンエア
　レポートライダーズチーム「パロマ」を結成
平成8年12月
　ステッカーに新年の願い事を書き込んで壁に貼る「メッセージウォール」を、復興支援館フェニックスプラザに展示する。
平成9年1月
　「第2回117・防災訓練放送」をオンエア
平成9年5月
　西宮・ロンドリーナ友交協力都市提携20周年記念南米特集番組「ブエノス・ディアス・スーダメリカ」をオンエア
平成9年8月
　業務拡大に合わせ資本金30,000,000円に増資
　地震被災地ロシア北サハリンにパロマを送り「復興」の意味を考える特別番組
　「KOBE TO サハリン」オンエア開始
　防災訓練放送「ラサーチ56・3rd」（ラルースセイフティーチャレンジ56時間）をオンエア
　インターネットのホームページ上、リアルオーディオでの放送開始、全世界に発信
平成9年11月～12月
　「KOBE TO サハリン」写真展を甲子園アートスペース及び、ハーバーサーカス・神戸アート村にて開催
平成10年1月12日
　西宮市、地元企業と共に西宮コミュニティ放送株式会社を設立　同年3月よりエリア拡大放送開始

現在に至る

会社案内

㈱西宮エフエム放送は震災後の被災地の中心地にある西宮市に誕生した「日本一のミニFM局」FMラルースを起源とする放送局です。当時の、全てのプログラムを市民ボランティアの手で制作する独自のスタイルは国内外で高い評価を受けた、放送の原点とも言えるものでした。現在もその基本は継承され、さらなる発展を遂げています。

復刻新版をお送りするにあたって
――阪神淡路大震災から二十年に想う……………………

あの阪神淡路大震災の日から、もう二十年。正直、あの日死んでいてもおかしくなかった私が、これほど長生きできているとは、当時夢にも思ってもいませんでした。

楽観主義者の私ですが、震災は、私から家と事務所と実家を全壊で奪い、ささやかな資産と生活の根本を全てひっくり返しました。震災離婚も経験し、子どもとも離ればなれになりました。普通の男性が生きて働く理由である、家族、仕事、家を一気に全部奪われたわけです。悲しくなかったといえばウソになるでしょう。もしかしたら、それは少し不幸な出来事だったのかもしれません。

それでも、あの日亡くなった方々の無念を思うと「自分は幸せだ」と思わざるを得ませんでした。

崩れ落ちた我が家の前に立ち、焦げ臭いガレキの街を見渡すと、生き残ったことへの感謝より、亡くなった方々への申し訳なさを感じずにはいられませんでした。良い方に限って亡くなり、ロクデナシの自分が生き残ったことが、あまりに不公平に感じたのです。人は、生きる意義と意味が見つからないと、なかなか前向きに生きて行くことができないようです。少なくとも私はそうでした。「情報に困っている人たちのために、ラジオ局を作ろう！」という想いや行動は、崩れ落ちそうな自分を奮い立たせるためと、生き残ってしまった罪悪感を打ち消すために必要な、自分のための目標だったのかもしれません。

さて、震災から約三年間、九九九日のＦＭラルースの出来事をつづった本書を書き終えて、はや十六年余りが経ちました。当時は「これで一段落がついた。もう大きな山は超えただろう」と気楽に思っていましたが、現実には、執筆後の十六年余りのほうが、むしろ大変でした（苦笑）。

震災のような大規模災害から本当に立ち直るには、人も街も最低十年は必要なようです。震災直後、誰もが「生き残ったことへの感謝」の気持ちから始まるのですが、「生活できるようになる」自立だけでは満足できません。「失った人や時間、モノに代わる代償を手に入れる」安堵の域に到達しないと、人々は本当の意味で心穏やかにはならないようです。

よく災害後の自立支援という言葉を聞きますが、人は「食べられさえすれば大丈夫」というわけではありません。ある意味では、この最低限の自立から安堵を手に入れるまでが、一番長く続く苦しい大変な時期なのかもしれません。

公的支援は終了し、誰かに助けてもらえる術はない。生きることはできるけど、生きる意義や目標が見当たらない。一番苦しい時期は、皆助け合って生きられるのに、そのラインを越えると、持つ者と持たざる者とで、生活再建のスピードに格差が生まれるのです。

この復興と生活再建への価値観の変化ステップは必要なことで、当然なことです。段階が、一歩づつ進んで行くことは嬉しいことですが、それが私自身にとって嬉しいことであるかどうかは別問題でした。

例えば、ＦＭラルースの学生ボランティアスタッフの場合、震災後最初の一年目は、ご父兄は、「がんばってね」という後押し状態でした。しかし二年目には「まだやってるの？」という声が聞こえ始め、三年目には「いいかげん終わりにしておいたらどう」と戒めるようになります。これは当然のことです。

逆に、我が身顧みぬ、世話好きのお人好しスタッフが、気がつけば周囲の人々は生活再建できているのに、一人取り残されている。勉強を蔑ろにして成績が落ちている。これらは悲しいことです。正直者がバカを見たり、優しい人が損をするのは、私の望んだ結果ではありません。日々変わりゆく街の復興状況と、生活再建の中で変化する価値観の中で、

「FMラルースの存在意義とは何か？」と悩み考えるようになります。今日正しい答えであっても、明日には違う答えが必要になるのですから。

震災直後は、困っている人々を助けることが一番大切。復興が進めば本来の仕事や勉学に戻る。状況によって必要な行動の順位が変わるのは当然です。しかし、この優しい人たちが全て去ってしまえば、残された生活再建中の人々の疎外感はどうなるのか。弱者ほど優しく、弱者ほど取り残される現実。残念ですが、私の中でその解決方法は未だ見つかっていません。

震災後十年の二〇〇五年、「FMラルース」（株式会社西宮エフエム放送）は、防災と復興支援事業という当初の役目を終え解散しました。しかし、今も西宮の街には、「さくらFM」の皆さんが、街の人々のための情報を日々元気に送り届けてくれています。

しかし、コミュニティFM局の必要性を知り、開局や自局の防災スキルアップを目指す全国の人々にとって、FMラルースの活動は、今も少なからず貴重な体験例や、マニュアルやケーススタディの素材となっているようです。今日に至るまで、途絶えることなく全国各地、いえ世界中から熱心なメールやご連絡を頂いています。これはとても嬉しいことではありますが、複雑な想いもあります。防災と復興支援というFMラルースの大きなテーマは、逆に言うと、日常生活から一番縁遠いものであるハズなのです。私の願いは、皆さんの街が私たちのスキルやマニュアル等、永遠に不要な街であること。誰も私たちと同じ想いを味わって欲しくないという想いからです。

しかし、そんな私の願いは届かなかったようです…。

二〇一一年三月十一日、私は東京の秋葉原で東日本大震災に遭遇。全ての公共交通手段がストップし帰宅難民となり、半日がかりで夜通し東京の三軒茶屋事務所まで歩いて帰っていました。そして、事務所に戻ると、その足で西宮に戻り、救援資材をクルマ一杯積んで福島に向っていました。

多くの人々が逃げ出す中、被災地救援や支援に向う。それは、チッポケなヒロイズムではありません。現場では何が必要で、何をやるべきか、同じ痛みを知る者にしかできないことがあるということを知っていたからです。私はこの瞬間、ＦＭラルースは消えても、ラルーススピリッツの灯は消えないことを再確認しました。その後も同じスピリッツを持つ仲間と、福島、宮城と炊き出しや支援に向う日々が続き、今は「ラルースプロジェクト」という、ヒマワリを栽培し、タネからヒマワリ油や石けんを作る雇用創出プロジェクトを進行中です。

これも自立支援とやりがいの創出という、同じ被災者だから思いつく経験に基づくプロジェクトなのかもしれません。

震災や自然災害が防げないなら、少しでもあとの二次災害を防ぎ、復興の支援をお手伝いするしかできないということでしょうか。

東日本大震災から半年を過ぎた頃、某国会議員の先生から「現地に必要なものを教えてくれ」と国会内の事務所に呼ばれたことがありました。テントや食料の過不足について熱心に尋ねられましたが、被災三日目と三ヶ月、半年では、必要なものが全く変わります。「今必要なものは、既に別のものです」とお伝えしました。

念のため言いますと、その先生が不勉強なのではなく、昨日と明日で、驚くほど状況が変わるのが被災地なのです。不要なものが山ほど被災地に届くというもどかしさも、そのすれ違いゆえでしょう。残念ですが、体験者でないと分らないことが多いのも事実のようです。

幸いにして私は今日も元気に生きており、文章を書くことができています。しかし本当は、もう震災や悲しいお話については、可能な限り書きたくありません。今更ですが、私自身も被災者の一人です。震災後の二十年の間に、悲しい顔や不幸な出来事をたくさんたくさん見てしまいました。できれば今後は、皆さんを楽しませたり笑わせたりするための文章を書きたいと思って、日々書かせて頂いています。

今回鹿砦社様や関係各位のご尽力もあり復刻されることは、本当に嬉しいことです。しかし、この本が震災復興のマニュアル本としてでなく、ボランティアの皆さんの活躍をお読み頂ける読み物として、災害のない日々が続くことを、心から願っています。皆さんの暮らす街がいつまでも平和で、笑顔があふれていますように！

平成二十七年新年　1・17二十周年を直前にして

近兼拓史

【編集部注】

本書は一九九八年に小社より刊行された『ＦＭラルース９９９日の奇跡　ボランティアの作ったラジオ局』を復刻したものです。

復刻に際し誤植は可能な限り修正しました。

文中表記は基本的に当時のままですので、このことで役職などが現在と異なっている場合があります。

ＦＭラルースの当時の所在地、電話番号などは現在使用せず、他社（者）が使っていたりしますので削除しています。

●本文中掲載新聞記事一覧

・一二頁　朝日新聞（平成七年三月三日）
・一三頁　神戸新聞（平成七年七月十五日）
・二〇頁　神戸新聞（平成七年九月二十一日）
・二三頁　神戸新聞（平成七年八月二十七日）
・二四頁　産経新聞（平成八年八月二十八日）
・三六頁　神戸新聞（平成八年十二月二十四日）
・四八頁　読売新聞（平成七年十二月二十四日）
・六〇頁　読売新聞（平成八年四月十日）
・六四頁　神戸新聞（平成十年一月十八日）
・六四頁　読売新聞（平成八年一月十三日）
・六八頁　読売新聞（平成八年三月十一日）
・七三頁　読売新聞（平成八年七月二十日）
・七四頁　神戸新聞（平成九年五月八日）
・七九頁　神戸新聞（平成八年九月二十五日）
・八〇頁　日本経済新聞（平成八年十二月二十一日）
・八六頁　読売新聞（平成九年十一月十日）
・八八頁　神戸新聞（平成九年八月九日）
・九八頁　神戸新聞（平成十年一月二十日）
・九八頁　読売新聞（平成十年四月七日）

【著者紹介】
近兼拓史（ちかかねたくし）
株式会社西宮エフエム放送 Studio laLUZ　元代表取締役
1962年生まれ。関西屈指の人気ライター、ジャーナリストとして活躍しながら、ラジオ、テレビへの出演、製作へ進出 。非凡な才能が多方面より注目され､マルチメディアに対応できる関西若手プロデューサーＮＯ１の評価を受ける。他方２輪４輪の国際ラリーやレースでの高い実績の他、単身での緻密な海外レポートや写真展開催など、けた違いの行動力で常に脚光を浴びていた。
しかしそんな最中、阪神大震災に遭遇、惜しまれながら個人の創作活動を封印、私財をなげうって地元ＦＭ局設立に全力を注ぐ。約３年間の苦闘の末、「さくらＦＭ」の開局とともに創作活動を再開、本書はその第一作となる。ヒューマンネットあってのインターネットが口癖、最新のメディアを操りながら、アナログ発想にこだわるユニークなマルチメディアクリエーターである。
2015年現在、集英社、『週刊プレイボーイ』を中心に各誌に寄稿中。『近兼拓史のウィークリーワールドニュース』が、ラジオ大阪、ラジオ日本で絶賛放送中。地元西宮市にて、トークライブのできるカフェ・インティライミを主宰している。

ＦＭラルース999日の奇跡
〜ボランティアの作ったラジオ局

1998 年 7 月 10 日旧版発行
2015 年 1 月 17 日復刻新版発行

編著者：近兼拓史
発行者：松岡利康
発行所：株式会社　鹿砦社
〈本社／関西編集室〉西宮市甲子園八番町 2-1 ヨシダビル 301
TEL 0798－49－5302　FAX 0798－49－5309
〈東京編集室〉東京都千代田区三崎町 3 丁目 3-3 太陽ビル 701
TEL 03－3238－7530　FAX 03－6231－5566
URL http://www.rokusaisha.com/　E-mail info@rokusaisha.com

装　丁：西村吉彦
印刷所：吉原印刷株式会社
製本所：株式会社越後堂製本
ISBN978-4-8463-1040-0　C0065

『WAVE117』No.1
1・17市民通信「WAVE117編集委員会」=編
定価：本体650円+税

特集「震災以後」を問う。
～三年目の秋を迎えて～

1997年11月1日発行

『WAVE117』No.2
1・17市民通信「WAVE117編集委員会」=編
定価：本体650円+税

特集1子ども達を通して見えてくるもの
特集2戦い済んで、何が変わっていくのか？
～神戸市選挙が残したもの～

1998年3月1日発行

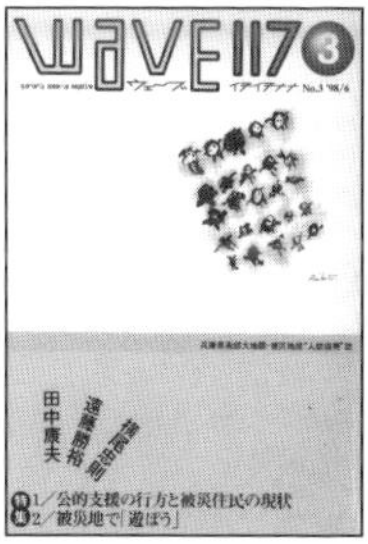

『WAVE117』No.3
1・17市民通信「WAVE117編集委員会」=編
定価：本体650円+税

特集1公的支援の行方と被災住民の現状
特集2被災地で「遊ぼう」

1998年6月20日発行

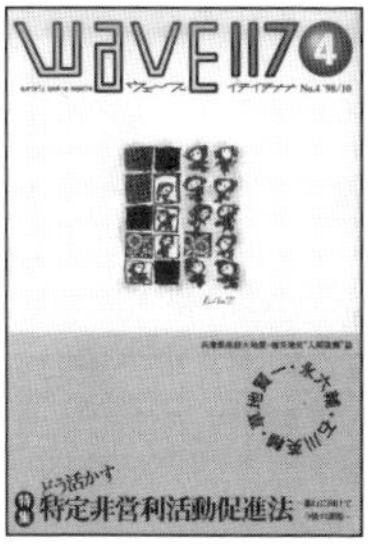

『WAVE117』No.4
1・17市民通信「WAVE117編集委員会」=編
定価：本体650円+税

特集・どう活かす特定非営利活動促進法

1998年11月20日発行

『WAVE117』No.5
1・17市民通信「WAVE117編集委員会」=編
定価：本体650円+税

特集・復興5年目　被災地の課題

1999年2月20日発行

『WAVE117』No.6
1・17市民通信「WAVE117編集委員会」=編
定価：本体650円+税

特集・地震のあとにうまれた芸術文化、その軌跡

2000年1月17日発行

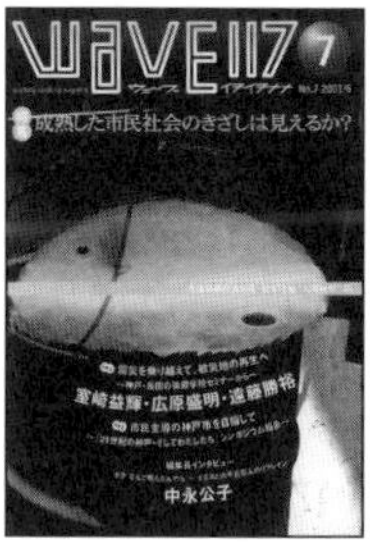

『WAVE117』No.7
1・17市民通信「WAVE117編集委員会」=編
定価：本体650円+税

特集・成熟した市民社会のきざしは見えるか？？

2001年6月10.日発行

■これらは「兵庫県南部大地震・被災地発“人間復興”誌」として1997年～2001年にかけて発行されました。
全号わずかながら在庫ありますので、お早めにお申し込みください。
多少傷みがある場合があります。
直接小社へ全号一括注文の方には記念品を贈呈します。

理神論の終焉

「エントロピー」のまぼろし

革島定雄

東京図書出版